国家自然科学基金资助项目（项目批准号：71203159）

古城新生
REBIRTH

李彦伯　著
LI YANBO

同济大学出版社
TONGJI UNIVERSITY PRESS

图书在版编目（CIP）数据

古城新生 / 李彦伯著. -- 上海：同济大学出版社，2015.12
（建筑教育前沿丛书 / 支文军主编）
ISBN 978-7-5608-6055-8
Ⅰ.①古... Ⅱ.①李... Ⅲ.①建筑设计－作品集－中国－现代 Ⅳ.①TU206
中国版本图书馆CIP数据核字(2015)第252564号

古城新生

李彦伯 著

责任编辑 常科实　　责任校对 徐春莲　　装帧设计 刘青
出版发行 同济大学出版社 www.tongjipress.com.cn
　　　　 （地址：上海市四平路1239号 邮编: 200092 电话:021-65985622）
经　销 全国各地新华书店
印　刷 上海中华商务联合印刷有限公司
开　本 889mm×1194mm 1/24
印　张 9
印　数 1—2 100
字　数 281 000
版　次 2015年12月第1版　2015年12月第1次印刷
书　号 ISBN-978-7-5608-6055-8
定　价 42.00元

古城新生
REBIRTH

封面图片"一颗蛋"的双关语境——

今日之古城，命数何在？裂缝是无可挽回的损毁还是新生命的前奏？

建筑学教育，一个孵化的过程。未来的城市更新，等待着什么样的建筑师？

献给爱女桃子

前言

在结束2014年的毕业设计教学整整一年之后，我有机会前往国外某知名高校建筑学专业进行为期半个学期的教学交流。在那里我参与了两个年级的设计课，近距离观摩与体验了友校建筑学的培养模式。其间收获多多自不待言，然而二年级第二学期的设计课题及同学们的反应却尤其令人深思。

设计的课题位于一个滨海城市，设计任务是一个实验艺术中心，基地选址位于一个滨水的煤装卸场遗址。建于20世纪初的卸煤平台的巨大尺度成为在该处自然地形之外另一个引人瞩目的建成体量，在现场考察时，甚至仿佛仍然可以听到平台上装卸煤的行车和平台下四条平行隧道里小卡车不断运行的声音。这显然是一处历史遗存，曾经承载了这座城市在工业时代许多独特的记忆。

然而大概是出于解放二年级同学的想象力与创造力的目的，学生在设计的时候，对于基地现存环境并未给予足够关注，更遑论探究其历史源流或是其他象征意义，他们将该卸煤平台内部当作豆腐来切！胆小一点的在平行隧道之间进行几处连通；胆大一些的直接把平台下部的（混凝土）结构全部掏空，连成大的工作室与展厅；更有甚者，掀掉整个屋顶，或是嵌入一个希腊式圆形露天剧场的设计方案亦不在少数。部分指导教师并未认为这样有什么不妥，或许二年级的学生就应该如此无所顾忌，肆意挥洒才好。可是，这足以令我这样一个异乡访客陷入深思——建筑学，应该怎么教？

非常容易想到的是，自从人类开始有意营造巢穴起，随着新建房子的数量持续增加，我们将会有越来越多的机会，在建成的环境中去解决更多空间需求的问题。既然此时"环境"已经不再局限于对大自然的特指，如何处理同既有建成环境的关系，就成了非常现实的问题。对这一问题进行思考的重要程度，甚至到达了建筑设计的本质层面。

建筑设计是在环境与人之间安置一个媒介，使得二者能够和谐相处甚至相互联系，"媒介"的本质决定了建筑应当同时对外界环境的特性与内部使用者的

需求展现出回应性，而其自身应当是对所有回应性进行整合之后得到的解决方案，这一基本决定了其内在的逻辑属性。重要的"特性"与"需求"伴随文明的发展、技术的进步与社会的复杂化呈现越来越多样的面向，它们往往化身为设计时面临的种种制约条件出现，譬如经济预算、管理规范、业主喜好、施工水平，等等，而既然是"建成环境"，正像这名字对时间的暗示一样，历史自然是无法回避的议题。

那么，如何对历史表现出回应性？在寻求创新余地前，至少有几个基本面是应当考虑到的：

一、是什么？我们需要了解清楚自己所面对的建成环境，充分掌握关于它的现状信息并准确阐述问题，这是能够高度针对性地展开设计的基础。

二、有过什么？搞清楚它的身世背景，它是怎么来的？在它上面发生过怎样的故事？唯有找到基地的意义，才有更多机会为设计赋以灵魂。

三、可以是什么？在充分解读了基地的前世今生之后，我们获得了关于设计的所有底线。这像是找到了已存在那里的一堵高墙，我们用背紧紧靠着它，面对的反而是无限的可能。正因如此，限制是设计师的好朋友，它们提供了基本的潜力，加上设计师的想象力，便指向了最多的可能性。

带着对这些"道"的思考，返回头来再看一年之前自己和设计组的同学们一道走过的那段艰难探究的时光，才更感觉到，那些基于对历史对象的深入研究，由问题实质构建出发所提出的实验性策略，与基于各方面的独特性展开的"回应性"设计，居然一直在那里，闪烁着微光。

李彦伯
2015.9.12

文庙牌楼（摄于1948年）

师者，所以传道、授业、解惑也。

目录

传道

对于我个人而言，一直有这样的困惑：建筑学应该怎么样教学？所以当我问到"古城何往，教学何为"时，乍看起来是同时触碰到两个巨大的命题，但其实都可以归结为我脑中对这个学科的疑问——建筑学教育是什么？要做什么？要怎么样进行？

我想从三个思考入手来谈这组问题。

第一个是关于历史街区。随着城市建设的不断开展与价值观的转变，历史遗产的范畴正在由点状分布逐渐扩大到城市的底色。历史街区不同于许多已经失去使用功能的文物，它是一种比较特殊的物质载体，有现实社会存在其间，因此是活在当下的街区。但是我们也看到，许多历史街区在经济的机遇面前开始发展旅游，看起来好像是弘扬传统文化，其实在旅游过程中发展的许多活动项目不但互相雷同，而且并不接地气，与在地文化是脱节的。比如说在一个老宅子里放游戏机，开辟成所谓"游乐场"。这样一种所谓的开发旅游的方式无疑是盲目而低质的运作。

与此同时可以看到，历史街区，尤其是地处偏远的城镇历史街区，在这个时代也正在与整个社会一起发生着巨变。"空巢老人""留守儿童"都成为很普遍的现象，这些缺少了父母在身边的留守孩子长大后会是什么样子呢？——"杀马特"。这是当前社会中已经存在的问题，人们一般不会马上把它们同乡镇、乡土、历史街区结合在一起，然而事实上这些孩子就是在这样文化缺失的土壤里成长的，因此这成为一种必然结果，也成为这个国家应该关注的一个重要问题。

下面来讲讲毕业设计。理论上，毕业设计应当是建筑学本科教育的最后一个环节，也是同社会最接近的一个环节，理应是接地气的，学生在完成毕业设计走入设计单位应当能够迅速过渡甚至达成无缝衔接。然而现实情况却是，用人单位往往反馈，新进的毕业生都不好用，需要进入单位"重新教育""回炉再造"，才能纳入到生产的体系。这正说明我们的大学离社会是如此之远，我们到底有没有在大学教育过程中关注社会到底需求什么？有没有按照行业的实践规律来搭建教育、教学的体系？

有一个很有趣的现象：在与一些中学生的互动中，我们发现当我们对某些议题加以介绍之后，初中生会踊跃地问出很多"鲜活的"问题，这些问题是基于他们个人的（哪怕是还不多的）生活体验问出的，因而是非常具有生命力的，犀利、有趣且往往切中要害。但是大学是建立在一种基于科学主义的、条块分割的建制模式之下的。等到这些初中生后来进入了大学，在课堂上经常表现出"没有问题""不会提问题"，经历了大学教育的他们似乎反而失去了某些与生俱来的活力与能力。这是为什么？——这是我们需要反思的一个问题。

最后来说说历史建筑保护工程专业。这是由同济大学于2003年在全国高校第一个开设的专业，是在建筑学一级学科之下细分出的专业，是为了应对我国快速建设发展过程中的历史建筑与历史街区频遭破坏及修缮技术能力的不足而创设的。该专业建立后也取得了很好的效果。其在培养过程中显然需要补充许多建筑学所不具备的知识，培养过程的难度更大，所需了解的知识领域在建筑学的基础之上需要更专。然而其不断走向专业化所带来的一个弊端是其所服务和从事的领域愈发狭窄。

因此我们看到许多在历史建筑保护工程专业就读的本科学生，在毕业后选择了读建筑学专业研究生，或者从事不再与建筑保护相关的设计工作，这一方面体现了该专业本科培养的知识面宽广，给了学生更大的发展选择空间，但同时也暴露了一个根本问题，即我们当前对"保护"的理解。保护究竟是历史城市与建筑的归宿，还是其得以重获生命的起点？当我们规劝"经济至上主义者"多关注历史价值，我们会不会太保守？当我们试图将发展的目标加诸历史城市与建筑之上时，又会不会太激进？——对发展与保护的目标梳理，将决定历史之物何去何从，也将关系到学科建制与培养机制。

本书中我们所面对的案例，是同济大学历史建筑保护工程专业2014届本科生同学的毕业设计——"祁县古城历史街区保护与更新"。这样一个依托于晋商经济发展起来的有着上千所传统大院的古城，今朝面临着怎样的景况？它所面临的，与这个拥有悠久历史国家中数不胜数的古城、古镇正面临的有什么异同？它的价值，是否被全面认识并合理、充分利用？中国大地上存在的这种乡土城镇原型，出路又在何方？

为什么选这个选题？此类案例恰好处于我前面所讲的三处困惑的交叉点，也正指向历史建筑保护工程专业乃至建筑学教育所面临的三重挑战。

一为历史街区。地方一哄而上地以牺牲文化风貌为代价所发展的旅游业，获得的经济回报却是非常有限的，这样一来便非常不划算。与此同时它们仍然是居民的主要生活空间，发展旅游业如果举措不当，必定给居民的生活造成挤压，与此同时，地方财政的增长并没为居民带来生存状况的改善。

二为毕业设计。应该完成怎样的训练？它们首先应当是基于现状实际的。为什么初中生可以问出好问题？因为他们的问题是基于个人的生活体验的。其次要直面而不是简化复杂的现实问题。大学的课程训练，为了保证"教学效果"，大多数情况下是主动帮助学生简化问题的，抽象而美好。这样一来学生通过学习所学到的技能，在面对实际问题时难堪大用。教学，正应该引导学生逐步具备面对真实复杂问题的能力，因为那才是他毕业之后将要面临的。最后是观察、分析与提问的能力。要能够基于现状的复杂情况，敏锐地发现问题，提出、建构问题，并最终解决问题。

三为专业指向。"历史建筑保护工程"专业到底做些什么？如果不是将其人为划定、条块切割成纯技术专业的话，该专业能不能在物质更新、遗产保护的同时，兼顾"被保护"社会的实质发展？这是那些"被保护"对象真正需要的。

残

零度古城

在某些历史街区的保护中，我们往往看到某种宗教般的偏执与狂热，人们或者透过各自理解的"原真性"透镜揣测历史，或者早已抛却了客观实在急于兑现某些"期权"。——这些肇建于过去岁月的历史街区仿佛从来没有机会真正活在当下，它们要么是标本，要么只是寻租的工具，在狂热中失去了自身的话语与生命。然而，对于那些仍然被使用着的历史街区，如果我们能够冷静客观地从现实主义的角度观看，像祁县这样的古城正是一个矛盾的综合体，物质与社会、历史与现实、发展与保护等诸多因素在其中复杂对峙。"零度古城"不是要把古城当作冰冷的机器或标本，恰恰相反，它帮助我们抛却先入为主的、惯常怀旧的有色眼镜，观察与评判历史街区的资源、矛盾等现时状态，并尝试用现代的视角为一个活在当下的古城历史街区寻找更新与发展的未来方向。

保护面临的问题

城市历史街区同文物保护建筑单体在本质上是有区别的，将物质空间如标本般定格封存的保护是需要"输血"的保护，是不可持续的保护，是不易真正得以推向深入的，因此需要培养造血的能力。然而一方面，景区化的保护作为一种低效的商业化途径，另一方面压缩、侵占了原住民的生活空间，但同时又并没有给在地社会以真正发展的机会。一种对文化低效消费的重商主义正在寻觅发展方向中的古城中蔓延，这既伤害了文化自身，同时又带来了新的社会不公平状况。不同于早期对于单体建筑的保护，时至今日，由于其自身及外界的复杂性，历史城镇及街区的保护内涵早已超出了保护工作本身。来自于权力、环境、市场、社会的压力，使得保护工作不能再围于专业与学术的小圈子中自说自话，相比于被外面的世界逼入角落，主动出击应对是更好的选择。那么什么是保护？保护与发展是否矛盾？我们要修复与涵养的究竟是某种风格、风貌，还是某种文化范式，抑或是在地社会当中人的生活？

基于文化独特性展开个案研究

我国快速城市化过程中形成的"千城一面"现象已被学术界与社会各界广泛关注和诟病。然而,平行于城市中的"千城一面"现象,在某些为我们所熟知程式化的保护套路的大量复制之下,"千镇一面"的格局正在迅速形成,天南地北的古城古镇正开始悄然褪去自身根植于地方文化的身份底色,呈现出趋同的风貌、相似的氛围、雷同的功能定位与一致的运营模式,在设计手段的苍白背后更反映了权力的急功近利,那些打着保护旗号的经营行为因其对文化的漠视与消费带来了难以弥补的破坏,历史街区自身的活力与发展的动力正在这一过程中丧失。未来的历史街区保护不能再因循那些漠视文化的、缺乏创新的、程式化的模式。考虑到不同地区个案的地域性特点,需要建立更加具体化、有针对性的保护工作方法体系;更重要的在于更新对于历史(城镇)街区的价值观,需要关照在地文化及社会现实环境,既以一种可持续的、整体性的宏观思路寻求广义上的发展,同时要谨慎考虑每个动作与项目给多方利益群体及文化本身带来的影响。

戏剧性烙印

断裂的院墙

授业

思考毕业设计是什么，对我而言是首要课题，贯彻该课程的始终。

毕业设计是为本科生架设的连接学校与社会之间的最后一架梯子，它应当令同学可以在一个尽可能模拟实际项目的任务条件及对象下开展、经历并理解一个完整设计的主要过程。另外，毕业设计和实际项目又极为不同，它更强调学生的思辨，是之前几年本科教育的延续与总结，更注重学生的研究能力等素质的锻炼与养成。

然而，单有这样的理解，于我而言还是不够的。无论我们常说毕业设计是"真题假做"还是"假题真做"（我始终搞不清楚这二者之间的关系），这"真"与"假"的断裂是如何能发生的？换句话说，为什么大学教育同社会、企业、实践的需求，有这么大的差别？为什么设计单位经常会抱怨学生"不好用"？为什么我们看到太多我们培养出的建筑师，不翻书、不搞"案例研究"、不收集素材，就做不出设计？学校的从业人员培养，应当与社会设定怎样的关系？

教育是社会与行业发展的原动力。我们要做的，不是迎合时下流行的行业风潮，那样我们能送出的，永远是落后于时代的毕业生。与此同时，过于强调单纯的形式操作似乎成为某些建筑类高校的一种习惯，然而当代社会环境下的建筑设计，早已过了将造型作为设计先决的时代。建筑作为一种物质媒介，面临来自社会的、技术革新的、人的生存理念与生活方式变迁的巨大挑战。因此，培养具有独立思考能力与习惯的、能从对问题的挖掘与思考出发、以清晰的逻辑自觉组织设计流程与把握设计要点的设计人员，应是我们的努力方向。高等教育机构，在与业界对照下的自我身份识别，应当扮演的是具有引领社会与行业发展方向作用的"活力之源"，而非亦步亦趋的绘图员生产线。

从这个意义上来说，毕业设计，需要强调同学通过自己的眼光与判断，审视他们所面临的具体课题。暂时抛开所谓业界、学术界所谓通行或经过验证的思维模式与操作程序，创造性地展开自己的分析，并进一步提出不仅限于空间的整体解决方案。对创新性与前瞻性的强调令其具有明显的实验性质。而这，正是对行业的未来发展至关重要的推动力所在，也是我们的行业、我们的教育终究能够达成实质性进步的希望所在。

按照学校教务部门对毕业设计的管理要求，出于培养学生独立性的愿景及对工作饱满程度的考量之便，必须是"一人一题"。因此对我而言，是要组织六个独立的"实验"。这正是后面"古城的六个面相"的由来。

另一个重要的因素不得不提，即本次毕业设计的授课对象是历史建筑保护工程专业（而非建筑学）的同学。这关系到我对该专业甚至建筑学专业的反思。

如前所述，为了应对我国城镇化过程中越来越多出现的不同层面的同历史遗存相关的设计问题，同济大学建立并大力推动了全国第一个历史建筑保护工程专业（以下简称历建），意在培养在历史城镇与历史建筑遗产保护方面具有专长的高级技术人才。鉴于该专业在历史、文化等方面的严苛要求，以及在培养方面与建筑学、城乡规划学、风景园林学等相关学科高度重合的专业特征，其人才培养需要经历十分严苛的过程，其困难程度不言而喻。而考虑到他们要打交道的是不可复制因而不容有失的重要历史文化资源，这一专业的人员培养体系设置就显得更加重要。

然而，由于当前国内对于历史遗产价值的意识与处置仍处于较低水平，或者历史遗产的价值得不到重视甚至屡遭破坏，或者体现为如履薄冰的谨慎保守。该专业被限制成了一种"小众"的专业，同学往往会困惑于其毕业后所从事的工作。

这一困惑（或说误解）更多地潜藏在外界的评价之中。譬如针对这一个历史街区，认为历史建筑的同学，应当体现出自身的"特色"，从而体现出与建筑学同学的不同。譬如建筑学同学设计了一个新建筑，而历史建筑同学就应当复兴某种风格或者修缮一座老房子。这样的定势思维不仅给历史建筑专业贴上了标签，无形之中在不同专业的同学之间划出了一条鸿沟，甚至在他们各自所（应当）面临的设计对象中划出了鸿沟。究其原因在于对"历史"的理解，窃以为值得商榷。

我们的生活环境越来越多地被城市建成区包围，尤其是在中国这样一个人均土地面积较为有限的国家，能让建筑师有机会在山水之间建一个诗情画意的小房子的机会实在可遇不可求。大多数情况下，我们是要在高密度的城市建成区的狭缝之中，寻求设计的可能性。要与近在咫尺的环境对话，甚至要在既存物质空间基础之上进行再设计。一度在一个建筑主体竣工之后，建筑师的工作便告结束，之后的内部装修是由室内设计师负责。

而在当下，或许在一个设计委托的起点处，已经有一个建成的建筑物存在在那里了，建筑师的工作也被悄然改变，不但需要研究如何应对既存建筑的策略，更是越来越多地需要承担起内部空间经营的职责。

反过来看，什么是历史街区呢？前面提到的城市建成区，都正在向成为"城市历史街区"的路上迈进，并且作为后来者的"历史"存在。而那些已经有些年头的，我们能够公认的老街区、老房子，又坚强而平静地生活在那里，它们古旧的物质空间内涵养的是活在当今的社会的人群。从这点来说，它们与其他所有的普通城市街区又是没有差别的。

如果我们有着这样一种历史观，那么去强行界定历史建筑保护工程专业与建筑学专业各自该干些什么，又有何实质意义？历史建筑保护工程的毕业生，需要比建筑学的毕业生拥有更加全面的知识背景、需要有更加成熟的社会伦理观与价值观、需要有更敏锐的文化自觉，从而能够承担起更多的社会责任。而这，难道不也正是这个社会对未来建筑师的希求？

从这个意义上来说，这一群历史建筑保护工程的同学所展开的"跨界"实验，就显得更加必要且可贵。

研究导向的课程设计

这一系列课题根植于祁县古城，在团队调查过程中着重对其历史空间、使用现状、社会网络、经济状况、发展目标等进行挖掘与思考。既不遵循既有的古城更新模式，也不先入为主地用自己的知识框架去"套"这里该是什么样。而是尽可能客观地，秉持对历史遗存"原真性"的自觉及其存在价值特征的敏感，在当代城市及社会发展语境下，讨论以另外一种状态活着的历史城镇的发展进路。

选题是完全开放的。在简单制定了基本的团队调查任务与时间计划之后，各位同学结合自己现场调查与相关资料研究，结合个人的兴趣点初步选取了各自的设计意向。接着在师生互动讨论过程中，逐步清晰了自己对该课题的认识、研究的目标、在城市与建筑设计层面的众多设定与策略等问题。

在课题展开过程中，有意强调了"看到什么—想到什么—做什么—怎么做"这样的基本逻辑梳理。一切从现状出发，唤醒同学针对现状发问的能力，进而思考应对的策略。

作为基本材料的广义"场地"

材料及其构造是建筑学是建造所需处理的根本问题，这里材料指的是那些直接被用于建造的物质本身。扩展一些来看，建筑设计需要基于对场地特性的研究与认识，通过逻辑的运用回应性地展开。在这个意义上，气候、方位、地形、水文等场地要素都是建筑学将要运用到的"基本材料"。

对于仍在被使用的历史街区而言，"场地"的内涵与外延客观上都需进一步深化与扩展。历史、文化、在地社会、管理模式及主体、现时矛盾等，都将作为影响更新计划的要素进入"广义场地"的范畴，它们与物质资料、自然条件等共同成为历史街区更新的基本材料。

因此在项目的初期研究中，强调对以上多元化要素的接收与梳理，它们之所以重要，是因为它们既是这一项目界限的呈现，又为将要开展的设计提供了所有潜在的机会。文献资料调查、多视角的现场观察与解读，最终都将收束到问题建构这一线索上来。而后续设计在逻辑的引导下，从总体到细节都强调对"场地"研究阶段所形成问题的回应。

因此我们并不先入为主地制定调研目录，而是师生一道在现场理解"场地"，发现特征及问题，并随时调整增减调研内容。

对"建筑学"的逃离与降维重建

如何从给定对象出发探求更可行与有效的回应性答案？

结束了场地调研，在提出设计方案之前，我要求所有同学基于对考察与研究所获得的原始信息进行项目策划。"为什么是项目策划？"——有同学这样问到。建筑学教学需要涉及这个问题吗？这里我想再次提出设计过程中我曾经告诉同学的话来说明这一点——"不要试图用无力造成改变的方法去改变事物。"

这是个关于建筑学究竟应该如何定义的问题。

狭义的建筑学学科，是有其局限性的，正如之前提到的大学依照科学主义进行学科建制的问题。城市规划、建筑学这样的学科，总还是在既有政策框架下完成技术动作的，它们并无法从更本质的层面解决真正的、实际的问题。或者说，我们目睹的许多反映在城市空间中的问题，其根源远矣，存在于市场、人口、社会甚至政策等层面，远非个别工科专业所传授的知识所能理解与解决。因此，即便我们永远不必像一个社会学家那样分析社会、不必像商人那样去市场营销、不必像管理者那样去管理城市，但我们需要有这样的意识、扩展这样的视野、建立这样的知识与思维体系。只有面对复杂多元的现实社会不采取回避而是回应态度，才能更好地阅读与应对来自不同层面的制约，并有机会更好地解决建筑的问题。而建筑学的学科属性及培养目标，也理所当然地应当涉及更广范围。

因而，除非是"概念建筑师"，建筑师应当考虑的绝不仅是设计与建造本身，而应该关注一个项目的全生命周期，前至项目的目标确立、功能设定、预算管理，后应当考虑运营维护及人群的使用和参与。建筑师应当主动打破学科与设计各流程之间的藩篱，主动拥抱项目策划与运营管理。并且，只有在建立了这样的全生命周期的视野之后，才会真正精确地找到建筑学所需解决的问题，并更好地应对与提出有效的解决方案。

课程设置

本次毕业设计旨在基于古城现状研究进行开放性设计选题。每个题目，都是学生通过现场调查与文史研究，基于自身知识结构与思考判断选择并拟定的。

2/24-3/11　初期研究

要求从设计对象现状与文献史料入手，对祁县古城的物质空间与社会空间进行观察与解读，以发展的眼光分析判断古城现时状况下存在的问题，选择自己的研究题目。

3/12-3/25　项目策划

以市场与社会为着眼点研究古城的发展策略，要求同时考虑先期的发展策略与后期的运营手段，在此过程中确定个人设计目标，并由此形成设计任务书。任务书需涵盖城市与建筑两个层面的设计计划。

3/26-4/14　城市设计

基于对古城现状的研究进行城市设计，要求达成历史文脉、社会现状与未来发展之间的平衡，在总体上确定功能定位、空间布局、交通流线、文化体验等，并落实到一系列城市设计导则。

4/14-6/9　建筑设计

结合前期调研与城市设计，确定单个建筑项目的目标、功能及规模，根据历史街区现状选择并划定基地进行建筑设计，技术手段与使用体验需得到考虑。

2/24-6/9　设计论文

结合完整的研究与设计周期，同步并基于个人设计完成有关祁县古城再生话题的论文。要求不少于10 000字。

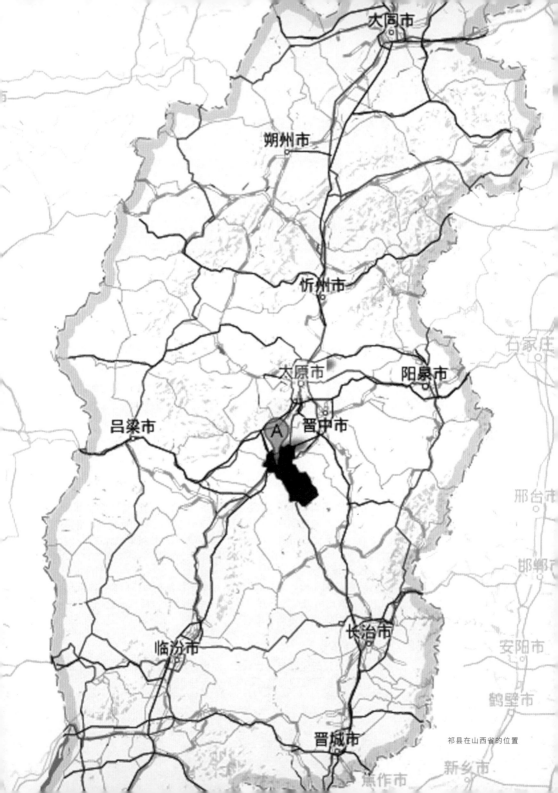

大同市

朔州市

忻州市

太原市　　阳泉市

吕梁市　　　A　晋中市

长治市

临汾市

晋城市

祁县在山西省的位置

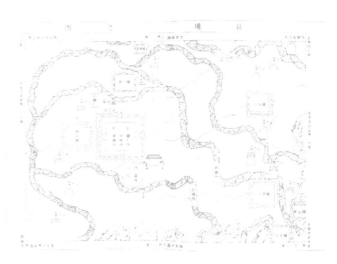

祁县县境图

祁县县城今址始建于北魏太和年间（477—499年），距今已逾1500年历史。祁县（昭馀）古城东西长835米，南北长690米，周长约3公里，面积为54.9公顷。明万历年间祁县城墙由土筑改为砖砌，1958年后东、南、西、北四座城门相继被拆除，至1970年，土墙被推入城壕，垫平地基，毁圮殆尽。历史上祁县商帮兴盛，茶庄、票号云集，各家广建高墙深院，现仍有保存完好的明清时期院落1000多所。

祁县古城范围

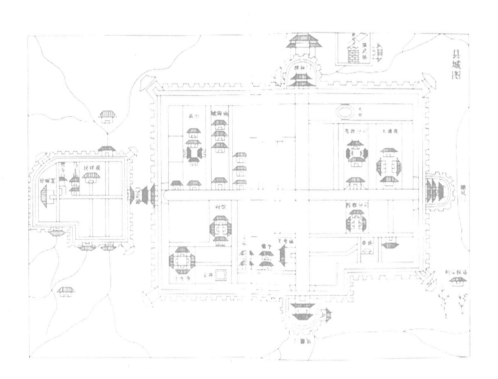

祁县县城图

古城现状图

古城光景

解惑

生存

基础设施

对城市历史街区而言，什么是重要的问题？

古城的六个面相

六个旨趣不同的题目，连缀成了从发展原力到地方身份，从社区经营到场所再生，从游居平衡到文化体验，从抽象到具体的祁县古城更新策略矩阵。题目、功能、基地之间未必有直接的联系，但每个人的课题独立展开的过程，都是基于共同的在地空间、社会的现时状况出发发问与回应，从而在整体上形成了对古城历史街区不同层面的更新与发展思考。

在课程设置中，要求既充分"务虚"又足够"务实"。一方面要跨出建筑设计与空间操作的所谓"学科范畴"，对地方社会、经济、文化等问题深入调查了解，进而在保有古城文化、促进古城发展的立场上分析发展的模式与进路，是政策与运营层面的讨论；另一方面，在具体的城市设计与建筑单体设计中，本着以人为本的设计理念，对功能配置、使用流线、空间体验、材料做法等进行较为详细的推敲。

祁县钱业公会成立（摄于1931年）

古城对于我们而言是什么？ 它终可贩售（依赖）的又是什么？

"给我一个支点，我可以撬动地球。"古城尴尬地悬置在当下，需要找到可以依傍的支点，以及解决根源问题的原力。

失语的历史

我国众多历史城镇都或辉煌，或平静地在历史长河中走过，岁月更迭，时至今日它们却陷入了失语的状态，祁县也不例外。曾经富甲一方的晋商故里，在今天除了数以百计的深宅大院将其牢牢钉在"古城"的位置上之外，其社会已经发生嬗变。

曾经"汇通天下"，以贸易发迹的晋商们，做梦也想不到，当时间来到了21世纪，当贸易成为这个国家乃至这个世界发展的重要手段与主要内容时，自己竟然落到了一个如此边缘的境地！这样一个曾经因为贩售茶叶而发展起来的陆路商业帝国，在今天既没有海港之利，又没有航空之便；此外远离都市圈城市群，不是省行政中心，没有特色产业，没有特殊资源……

这样一个活跃于历史上的城市，凭什么在今天存活与发展呢？

还好，还好，社会是发展的，当人们完成了一定的经济积累，需要追求不同类型的消费时，历史就变成了可以用来贩售的东西。

客人来了要看些老东西，总得搞点什么吧？这时，就好像家里没有什么，

1780s	VS	2010s

12万箱 茶叶/年

31% 市场占有率

兑京银两每年 **200万两**

票号 **400家**

祁县，从富可敌国到囊中羞涩。

只有七老八十、满脸褶子的爷爷奶奶，忙给他们抹了脂粉，扮上大红大绿，赶出去给客人卖力扭秧歌跳舞。

无论如何，客人没见过这样的，好在索价不高，打发点走人，虽说不上称心或不虚此行，权且算是到过了，看过了。如果能找个地方随手刻个"到此一游"，怕是更能值回票价。

这就是今时今日的中国古城、古镇、历史街区对外来游客展现的面相：粗糙、鄙俗、望文生义而缺乏想象力。具体来说，主事者只是在茫然而魅惑地贩售着古董的剩余价值。而对于价值（即便只是钱的等价物）的理解也充满黑色幽默：他们没想过游客为什么来，一旦来了给人家看什么。其结果便是——你想看什么我就给你看什么吧。

因此观光这些古城古镇的我们所到之处，看到的是"复兴"起来的似是而非的仿古建筑、刻意讨好的风情画般的布景、"保护"下来的抽去灵魂血肉的标本躯壳，然而论及历史、论及文化，却是一副不在场状态。这种谄媚的、作秀的展示，既不是游人预期看到的，也不能为古城带来真正的可持续的发展。

忸怩作态
假古董？
真文物？
游乐场？
舞台剧？

老房子涂脂抹粉的迎客丑态，其背后是在地文化自觉与认同的失落。

文化与传播

那些老街巷、老房子里，自然是附着文化信息的。只是所谓文化，尤其是在这些历史空间中产生的文化，都是伴随着当时人的活动而产生的，自然也是通过那些活动被延续的。但是许多活动不仅是在当下已经不可能重复，甚至更多的已经无从知晓了。

然而，如果不是悲观地看待这个问题，应该看到每个时代都有属于自己时代的文化。在如今信息爆炸

的全球化时代，新的文化正在被创造：人们不再被动接收信息，世界上任何角落的普通人都向外伸出
自己的触角，主动接收信息并同时成为信息的制造者与传播者。在这样一种语境之下，尘封的文化形
态，应当朝向被激活、被识别、被传播的方向靠近，它们需要从老街区的、老建筑的含蓄意味中向前
迈进，假借新的媒介、以新的方式显形，并以开放而友好的姿态准备好进入信息传播的世界。

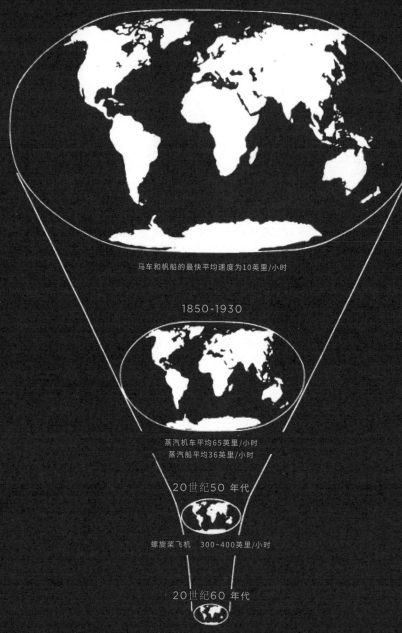

1500-1840

马车和帆船的最快平均速度为10英里/小时

1850-1930

蒸汽机车平均65英里/小时
蒸汽船平均36英里/小时

20世纪50年代

螺旋桨飞机　300~400英里/小时

20世纪60年代

喷气式客机　500~700英里/小时

时代变迁与技术进步，不断改变着地理与空间的定义，实际距离的消弭在为古城带来游客的同时，
能否一道送来普世价值观与生产力支持？

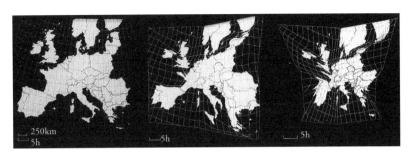

时间＝距离/速度

"非在地"后台—力之源泉

古城要实现地方文化输出，而不只是以卖景区门票为终极目标，必须在物质空间的展示之外不断开发出新的文化产品，不断提供体验、解读在地文化的新方式、新媒介，从而为已然被抽离活动内涵的场所重新注入活力与意义，提升地方文化附加值。

这需要引入研发的动力。

随着科技的进步，空间的概念与意义不断发生着转变。从马车到高速列车、飞机的使用，交通工具速度的变化令空间距离不断被压缩，电子计算机与互联网更是将"地球村"变成了现实。人们通过网络交换信息、分享资源、完成交易。

然而不能否认的是，全球化并不能完全消除地区间的差异与不平衡，虚拟世界暂时还无力改变人与物所处的实际位置。好在提供空间体验的真实场所与古城发展所必须长久依赖的创新力量之间的距离问题，恰好可以被科技解决。远在千里之外甚至地球另一端的研发团队，可以提供专业而强大的力量，不断基于古城的文化资源推动文化产品的创新资本的问题也可以以相似的方式得到解决。

印象刘三姐

台北故宫博物院文化衍生产品

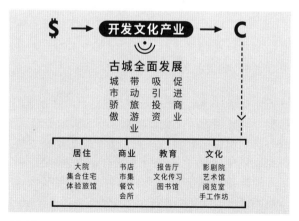

文化产业

（再）生产与产品

"非在地化"的研发力量，作为古城的"后台"起着生产的作用。说到生产，首先要讨论产品与消费的问题。

产品，表示是被生产出来，其终极目标是要可以卖的。在这个意义上，古城文化，必须可以被"卖"，即被人所消费。古城要吸引外来人口前来互动，无论如何其本质都会是一场消费。如果说卖景点门票式的消费是低端的话，那么怎样的消费、提供何种用以消费的物料才能改变这种低端的状况呢？围绕古城的物质样本与文化背景，结合当代消费人群的消费需求，扩展并提供可读的、可传播的文化消费品是可能的选择之一。

后台的研发力量需要从产品线的定位与架构出发，并以产品线为中心建立产品消费模型系统，完成从品牌形象、产品内涵到体验模式、现场装置（空间）等一系列的研发与设定。产品要以人文与科技的结合体为目标，而这将整合运用社会心理学、消费行为学、传播学、人机互动、建筑设计、舞美设计、活动策划、工业设计、周边产品等多维度的研究与开发力量。

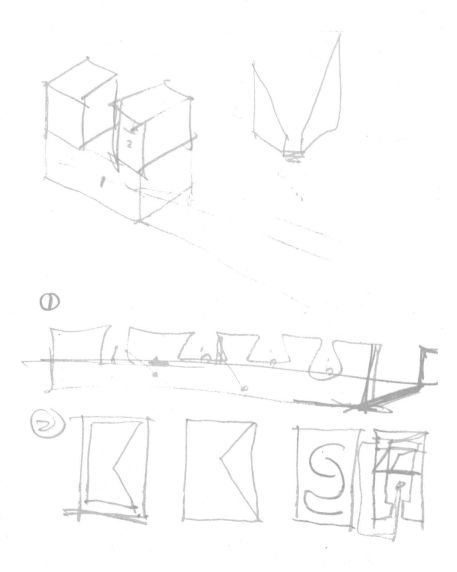

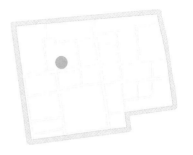

历时逾七百年的古城，要在破败的现状下重获新生，可以依赖的真正动力是什么？古城不应拒绝商业的运作，商业的运作能带来资金的吸纳与公众的关注。但商业运作的基础不是肤浅的符号化消费，而是挖掘地方文化特质并在其基础上不断创新。"研究所-终端"模式就这样被提出。研究所作为不断提供基于文化价值解读的研发后台，提供创新的原动力，以研究能力为导向因而可以于远程布置并形成对在场终端的支撑网络；终端为在场的一系列文化展示、交流、互动"装置"，为实现与游人及居民的现场交互，多样功能以文化综合体的形式植入古城之中、埋入土地之下，以融入历史街区的空间肌理与建筑尺度，包裹经由精心组织的路径（游踪）系统进入的来访者。

前台—触媒

当建筑设计不只是从建筑学的话语体系出发，而是作为一个大的产品传播与消费体系的一个环节出现时，设计目标除了变得格外清晰、可以被检验之外，的确将带来许多不同。

具体到祁县古城的设计。由于建筑设计是为了满足消费者对不同形态文化产品的体验，因而与其称之为建筑，"触媒"反而能更好地揭示这一在场装置的本质特征。因而，从将功能设定为包容多元化文化体验情景范式的具有当代特征的"文化综合体"，到体验方式上对"游踪"即接近空间或穿行空间方式的强调；从群体组织上基于古城原有空间肌理将古城现场感"编织"进新建区域，到将巨大体量"下潜"从而在营造出"游弋于建筑表面"的效果同时使古城中的游踪不致间断；从以开放性与自由流线为导向的室内空间组织，到家具陈设、互动设施、活动配置的互动指向，加上随着综合体的置入引发的古城空间子系统的重读可能，建筑从高调的造型之物不断后退并消隐成为背景，留下主导互动的空间与装置，供人们触摸与体会在地文化的万千形态。更进一步地，通过这些在场的"触媒"，真正与人们进行互动的还有背后巨大的、超越空间界限的产品与服务系统。

与古城肌理的呼应

传统小院落

更新大地快

应有流线

现有流线

文化媒介的置入

大地快内更新参考传统体量

形成新的流线系统

与现代功能的协调

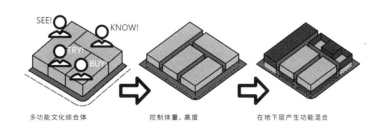

多功能文化综合体　　控制体量、高度　　在地下层产生功能混合

文化触媒

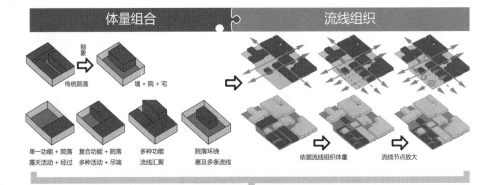

体量组合   流线组织

抽象

传统院落   墙 + 院 + 宅

单一功能 + 院落   复合功能 + 院落   多种功能   院落环绕
露天活动 + 经过   多种活动 + 尽端   流线汇聚   惠及多条流线

依据流线组织体量   流线节点放大

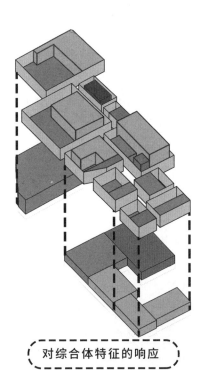

对综合体特征的响应

综合体体量与流线

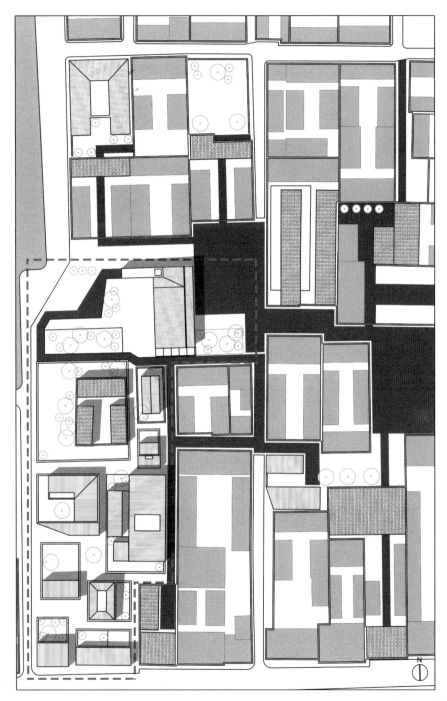

从民居

空置的、萧条的民居，

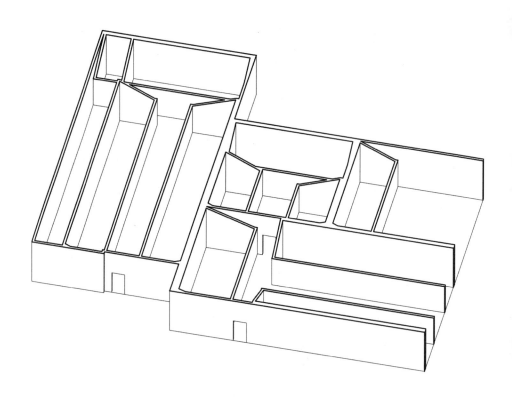

剧场改造前

可否成为文化发生的资源？

到 剧 场

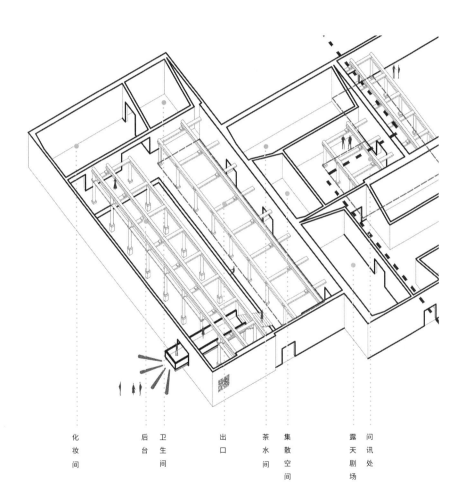

化妆间　　后台　卫生间　　出口　　茶水间　集散空间　　露天剧场　问讯处

剧场改造后

互动

建筑仅仅是终端的一部分，它们是固定于土地之上的、帮助作为遮蔽物、背景及场所存在的。除此之外，场景感、故事线、活动设置、人的参与方式、信息的输送与反馈，对于一个文化产品的互动而言同样是不可或缺的。

人们通过参与现场的各类文化体验装置（settings）：剧场、手工作坊、传统工艺传习区、文化论坛、展览空间，以及通过人机互动、二维码扫描等现代技术，在个人移动终端获取到更多资源，能够从不同侧面了解与体会到祁县地方文化的魅力，从而为古城的物质外壳注入生动的文化民俗内涵，使在地文化得以立体化、具体化，成为细腻可感知的体验要素。

反过来，通过现场监控设备、互动装置、文化活动参与后评价、问卷访谈等途径回收的来访者满意度、兴趣点、优化建议等信息，将在后台被分析整理，成为进一步研发升级产品、调整产品谱系的重要依据，从而使得这一"后台-终端"系统不断在信息与资源上得到充实，并且持续保持自我更新与发展。

微信扫二维码 了解更多信息

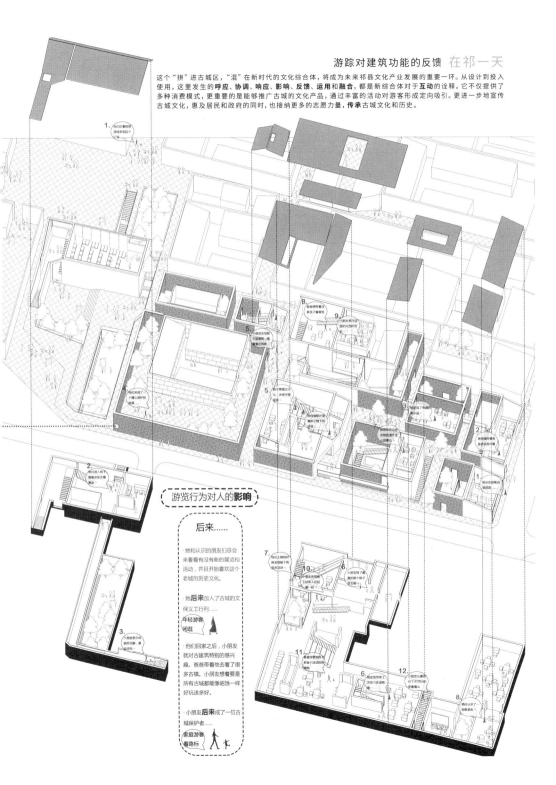

游踪对建筑功能的反馈 **在祁一天**

这个"拼"进古城区，"混"在新时代的文化综合体，将成为未来祁县文化产业发展的重要一环。从设计到投入使用，这里发生的**呼应、协调、响应、影响、反馈、运用和融合**，都是新综合体对于**互动**的诠释。它不仅提供了多种消费模式，更重要的是能够推广古城的文化产品，通过丰富的活动对游客形成定向吸引。更进一步地宣传古城文化，惠及居民和政府的同时，也接纳更多的志愿力量，**传承**古城文化和历史。

游览行为对人的影响

后来……

· 她和认识的朋友们总会来看看有没有新的展览和活动，并且开始喜欢这个老城的历史文化。

· 她**后来**加入了古城的文保义工行列……

年轻游客
闲逛

· 他们回家之后，小朋友就对古建筑特别的感兴趣。爸爸带着他去看了很多古城。小朋友想着要是所有古城都能像祁县一样好玩该多好。

· 小朋友**后来**成了一位古城保护者……

家庭游客
看路标

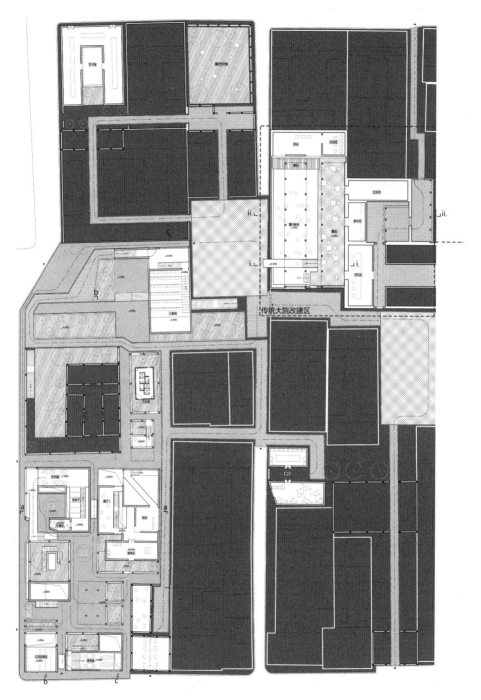

一层平面图

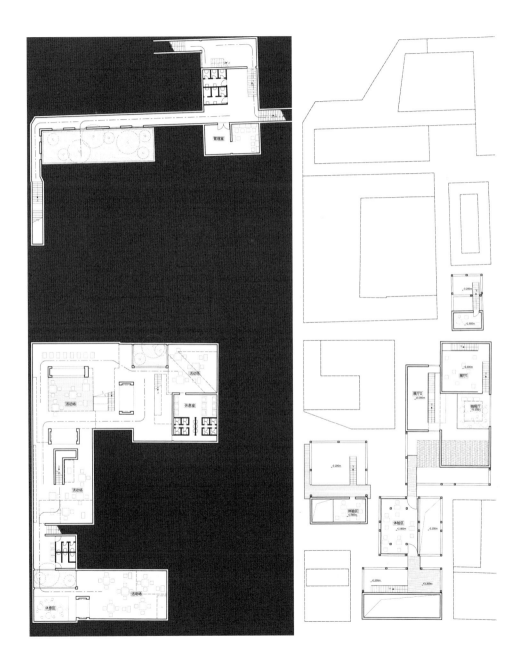

地下一层平面图   二层平面图

我的毕设

我觉得，毕业设计还是自由度很高的一件事儿。

大学临近尾声，每个人都面对多种的选择。用什么样的态度去做毕业设计，下多少工夫去完成它，都是个人的选择。因而毕业设计这个学期，大家过的也都各有侧重。

可能是因为早早定下了在本校读研的缘故，所以，毕业对于我来说并不是那么具体而强烈的字眼。也因此，毕业设计对于我来说，除了一些纲领性的要求之外，也与以前的课程设计并不会有太大的不同。它的自由度于我而言也就仅限于我如何做好它而已。若是真要说有什么不同，那也就是本科四年在设计课里掉过的坑，犯过的错，这次不该再重演了。因此，我的毕业设计是从一系列的毋庸赘言的心理建设开始的。

坦白地讲，设计对于我而言从来是一件充满矛盾的事情。"我以后都不要做设计"这种话，我每个学期都要说上几十遍。然后每次把完成品整理到硬盘里的时候，还是忍不住要想"做了这些事好开心"。痛苦、厌烦、悔恨充斥整个过程，热情、快乐、满足却只是瞬间的脑内咖。

和我充满元气的同学们相比，我总觉得自己特别缺少那种单纯的对于设计的热忱。而我偶尔的热情和支持我做完设计的力量，从来不是来自于"设计出发点"这种东西。它们常常是某些片段或者是某种想的完成状态或是某个从来没做过的尝试。

换句话讲，建筑师几乎都信奉精英主义，尽管我已经不止一次的听他们说"已经厌烦去导演别人的生活"。而我自己却没法对这种替别人做决定的事情乐此不疲。不过身为一个从来不钻牛角尖的实用主义者，我总归还是要殊途同归的走下去。

也恰恰是这样，我的设计出发点总是会很虚无，把它们落实到设计中也就非常的困难，而往往其结果也很无力。我总说"出方案就像难产"，诚然如此。

逼迫自己好歹出一个方案的结果，就是设计的"黑箱"短暂的存在，却时时刻刻的在框定着我。这种情况，很大程度跟我自己本身的固执又寡断的性格有关，可能不大好改。不过索性，我还有一个不知道对不对的借口替自己告解："建筑不只是设计"。

一旦接受了这种设定，那么，我所关注的就是我从"黑箱"里拿出的方案本身，我怎么能把它用到极致，使用者（如果有的话）能怎么用它，以及现实冲击理想的时候我如何让我的方案成立。

更广义地讲，我把"设计"视为建筑的一小部分，只是主观弱化了设计在一个方案里的地位，但并不是"弱设计"，更不是"不设计"，而是除了设计，我应当为一个建筑方案做的事情还有很多。我所秉持的理念，我所提供的运营模式，我所勾画的远景……这不是我的野心，而该是我作为设计者的责任。

至于因此而产生的通了又通，最后通宵苦短的情况，权当是我对这个方案和这个专业，诉不尽的绵绵情谊好了。

正如我在1:80的模型里放的那幅对联里所说："恩怨到底意难平，爱恨终究情难诉"。

在实验班的两年于我算是"见自己"，回到原班级做毕设算是开始"见天地"。因为不知道我能否有"见众生"那一天，所以，那些讲不完的悲喜和通不完的宵，就都交给岁月和回忆，最后成为我的经历和我的原力便好。

——赵正楠

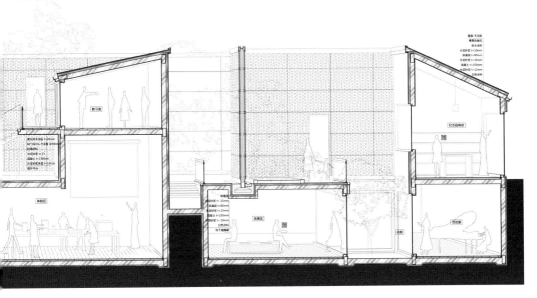

建筑剖面图

模型照片

祁县城东门（约摄于1930年）

面

任何一个地点被说出的时候，对听者而言那字眼儿是伴随着某种图景一道出现的。

孔

蝙蝠侠与哥谭
蝙蝠侠意象与哥谭市的信息叠加

祁县街巷表情

"文化"与"面孔"

全球化侵袭的时代，在融合了遵循规矩、稳妥从众的传统价值观与土地财政、城镇化政绩之后形成的当代中国版本，造就了千城一面、千镇一面的奇观。万千城镇被从在地文化土壤切割，呈现出乏味与诡异的雷同。

文化是种"套系"（set），是人类社会在生产生活过程中约定俗成的一系列价值准则、行为规范、礼仪系统、风俗习惯、生活方式。之所以说是"套系"，是因为任何一个看起来独立存在的"点"，其实都是一个容纳了多种复杂元素的小系统，上至宇宙星辰、四时晨昏，中至山川河流、风霜雨雾，下至男女长幼、万物众生，来自方方面面的因素共同构成一种文化的形成条件，而各种因素是相互制约、互为前提的。譬如建筑，便只是适应这些条件而存在，并且因循这些条件产生与固定自己的型制与形态，由此我们看到亚热带有着深远出檐的干阑建筑，以及寒带有着陡峭坡顶与壁炉的厚墙民居，至于中国园林，则更是外循自然、内观人文的完美代表——一种复杂的"文化装置"。

通过人类学途径解读文化，很容易看出构成文化小系统的要素都是成套存在的，它们构成了一条完整信息链。这也是对于《蝙蝠侠》的读者而言，为什么虽然没看到地标，但能够通过"蝙蝠"的意向便知道是哥谭市。这里前提非常重要——你了解蝙蝠侠的故事与整套的设定——故事、情节、场景、角色、造型、道具、隐喻——这就是文化。

哥谭是虚构的，但祁县就十分真实具体，那么对于祁县，什么是让人一望而知的东西呢？如果能找到，那就是其文化独特性所在，正是它有别于他人的名片或面孔。

风貌之外

谈到历史保护，"风貌"似乎是一个无法绕开的字眼。我们常用"风貌"来描述一处历史之物的群体、型制、风格、材料、色彩、做法，甚至还包括氛围和给人的心理投射，"风貌"的提法应当是一个集合体，包括了丰富多样的物理与心理信息。然而正如我们所看到的，"风貌"也正在遭到滥用，历史保护事必称风貌、言必称风貌使得"风貌"的使用泛化，其原初意义不断变得干瘪，从而沦为一个似是而非但又无所指的空洞概念。

事实上，即便是原初意义上的"风貌"也无法代表历史之物的全部，甚至是一个被狭隘化的文化语汇。因为从前面的叙述我们也可以进一步确信，"风貌"更多地指的是可被视觉直观体验（看）到的那部分，具有较明显的外在性特征。这不能不说是受到了博物馆式价值评价体系的影响，是将评价对象作为一个具有明显风格化特征的艺术品"标本"加以认识的。然而历史街区、传统民居不是艺术品，即便具有极高的艺术价值，其仍然是作为供人使用的工具被设计与利用的。由于它们尺度一般是大于人体尺度、甚至远大于一群人的尺度的，因此审视它们时，就不能忽略其中交织的人的行为与社会活动。

风貌之外，至少有三件事是需要被关注的：

共相的形象（image）。乍一看这和风貌似乎是意思相近的词，实则不然。在柏拉图的理论中，"马"的概念是无法同任何一匹具体的马画等号的。马是一种共相的形象，它作为包络了所有的作为马这种生物所应有的典型特征存在在那里，类似于一组基因图谱标准，而任何一匹马由于其具有的特殊性，是无法同这种只存在于理念之中的巨大而超然的"图谱"发挥相同作用的。而"形象"同"风貌"的关系恰好体现这样的哲学意味——风貌过于赤裸、直白、粗鄙地展示着地方文化的形态，但其实地方文化的形象不仅是一个巨大而繁复的信息图谱，其中大多数也没有具体形态。风貌只是抓住了凝固在空间中的那部分信息，但对于更多的非物质化的内容无能为力。

隐藏的地形(topography)。同样是物质空间,风貌信息是可以被人在正常视点直接感知的,但还有一些,即我们通常只有在鸟瞰图、想象图甚至抽象图解中才能看到的信息,却无法通过"风貌"概念得到展示。我们看到祁县的高墙、大院,却无法准确把握它们之间在城市形态学层面的关系。祁县号称仍存的上千间大院,是以怎样的方式分布在古城之内的?它们之间又是怎样的布局逻辑?切分或说联通这些大院的巷道应当如何被理解?这些问题不仅是我们理解祁县大院空间模式时所需要梳理清楚的,更是将祁县大院区别于其他地区传统民居的根本特征。从某种意义上来说,是祁县之魂。

匿名的社会(community)。民居终究是为了供人居住而存在的,这样看再好的建筑或城镇风貌,无非是处于从属地位的工具。如果不是本末倒置地理解城市和建筑,至少需要关注并了解社会。正像文化是由人类社会的行为逐渐固化下来形成的一样,人的行为是真正占据核心地位的文化要素,而建筑城镇,只是他们身体的延伸。

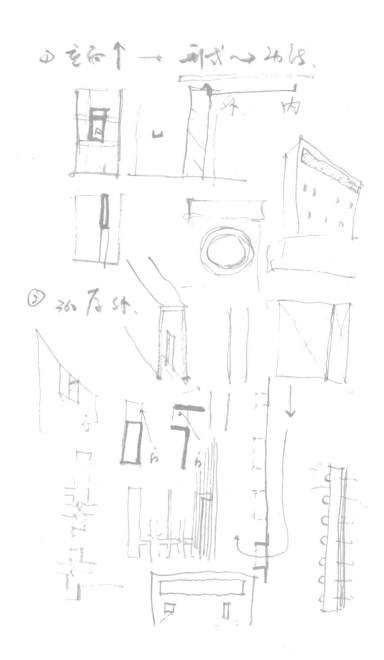

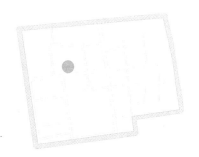

历时逾七百年的古城，要在破败的现状下重获新生，可以依赖的真正动力是什么？古城不应拒绝商业的运作，商业的运作能带来资金的吸纳与公众的关注。但商业运作的基础不是肤浅的符号化消费，而是挖掘地方文化特质并在其基础上不断创新。"研究所-终端"模式就这样被提出。研究所作为不断提供基于文化价值解读的研发后台，提供创新的原动力，以研究能力为导向因而可以于远程布置并形成对在场终端的支撑网络；终端为在场的一系列文化展示、交流、互动"装置"，为实现与游人及居民的现场交互，多样功能以文化综合体的形式植入古城之中、埋入土地之下，以融入历史街区的空间肌理与建筑尺度，包裹经由精心组织的路径（游踪）系统进入的来访者。

~使多大~。㊉1.效力,作用:酒~儿|药~。2.精神、情绪、兴趣等:干活儿起~|一股子~头儿|一个~儿地做|老玩儿这个真没~。3.指属性的程度:你瞧这块布这个白~儿|咸~儿|高兴~儿。

另见 248 页 jing。

晋（*晉） jìn ㄐㄧㄣˋ ❶进,向前:~见|~级。❷周代诸侯国名,在今山西省和河北省南部,河南省北部,陕西省东部。❸山西省的别称。❹朝代名。1.晋武帝司马炎所建立（公元 265—420 年）。2.五代之一,石敬瑭所建立（公元 936—947 年）,史称后晋。

搢（**搢） jìn ㄐㄧㄣˋ 插。[搢绅]同"缙绅"。

溍 jìn ㄐㄧㄣˋ 古水名。

缙（縉、**縉） jìn ㄐㄧㄣˋ 浅红色的帛。[缙绅]古代称官僚或做过官的人。也作"搢绅"。

瑨 jìn ㄐㄧㄣˋ 一种像玉的石头。

浸 jìn ㄐㄧㄣˋ ❶泡,使渗透:~透|~入|把种子放在水里~一~。❷逐渐:~渐|交往~密。

祲 jìn ㄐㄧㄣˋ 古人指不祥之气。

禁 jìn ㄐㄧㄣˋ ❶不许,制止:~止|~赛|查~。❷法律或习惯上制止的事:入国问~|犯~。❸拘押:~闭|监~。❹旧时称皇帝居住的地方:~中|紫~城。㊉不能随便通行的(地方):~地|~区。❺避忌:~忌。

另见 243 页 jīn。

噤 jìn ㄐㄧㄣˋ 闭口,不作声:~若寒蝉。

墐 jìn ㄐㄧㄣˋ ❶用泥涂塞。❷同"殣❶"。

觐（覲） jìn ㄐㄧㄣˋ 朝见君主或朝拜圣地:~见|朝~。

殣 jìn ㄐㄧㄣˋ ❶掩埋。❷饿死。

JING ㄐㄧㄥ

茎（莖） jīng ㄐㄧㄥ ❶通常指植物的主干。能起支撑作用,又是养料和水分运输的通道。有些植物有地下茎,作用是储藏养料和进行无性繁殖。❷量词,用于长条形的东西:数~小草|数~白发。

扁平化的"晋"

去

晉

音進進也又國名．音進進也．晉陽 三

即刃切．古晉國在今山西省境
北以雲代控朔漠南以太行扼
中原左山右河古號雄都境内
逸東逸南皆連山峻坂因地
在群山之西故稱山西省
厚誠輿區也 民俗殷

汾

平

音濆水名 汾

酒 汾陽

符分切．汾水發源於山西省之
北境經省城太原府西南入河
為山西境内之大川其支幹所
經皆成沃壤

山西省圖

立体化的"晋"

1．祁县古城风貌

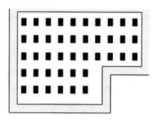

2．古城形态简化

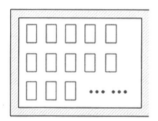

3．古城形态抽象

4．基本城市单元

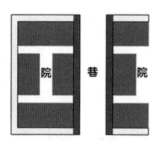

5．基本城市空间布局

6．空间操作元素提取

7. 基本单元外延

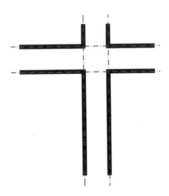

8. 植入轴线体系

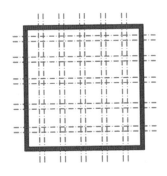

9. 城市轴线系统

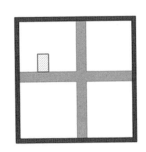

10. 基地位置确定

古城阅读、场地选择与空间要素

从阅读古城肌理开始,同步完成场地的选择与空间要素的提取。"街巷-院落"通过什么完成第一轮的赋形?是墙体!

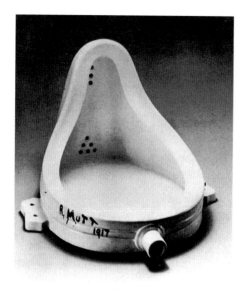

"泉"

重读（chóng dú）的意义

1917年，马塞尔·杜尚从商店买来小便池成品，在上面签上自己的大名，命名为《泉》，虽然送独立艺术家展未被获准展出，但不妨碍它成为20世纪最有影响力的艺术作品之一。

司空见惯的物品，并非因为某个艺术家的加持而重获新生，而是该种符号化的手法为该物品创造了被重新解读的空间，而这一空间便是重读所带来的价值。它是对现存物品的再加工，这一过程塑造出了新的文化产品供人品读，同时反过来令人对平凡之物与俗世生活进行反思。

祁县的墙虽为青砖所砌，如今却常以黄色面目示人，晋中平原的风和着黄土将青色尘封，同时也令这高墙退成模糊的背景。这造就了祁县空间底色"高墙大院、深街窄巷"的墙，正需要被重读。

祁县标识

"墙"的展示与再现

展示与再现

墙是祁县地方民俗空间得以塑形的核心元素，外来访客沿着任何一条经过规划或随意徜徉的路径，都可以毫无意外地始终感受到它的存在，这无声的展示，作为文化原生的基底存在十分必要，是祁县文化被感知的基础。

与此同时，作为对这一元素重要性的提示、对祁县高墙空间下民俗的展示及对在地文化内涵的再现，在民俗博物馆的设计中，"墙"作为一种叙事主线被埋进设计的全过程中。由此，馆内馆外，言说的墙与静默的墙、再现的墙与展示的墙构成对比。

在地文化符号与建筑学基本语汇从此被找到。总体布局、空间轴线、结构体系、流线组织、墙体用材、尺度、采光、构造……墙体从塑造古城的矩阵，变作使建筑显形的筋骨，对话开始发生。墙体作为设计的线索与主题，完成对祁县"面孔"的再现。

两种具有表情的墙。一堵是学习并利用当地砌墙工法、夯土作芯、青砖罩面、两面一致，纵贯于博物馆内部两层空间的轻隔墙；另一堵是用耐候钢板做成的轻隔墙，背后露明、扣之有声，面向参观者来向更有白色涂料饰面。先传达出有厚度的实体感，在穿过门券后转为轻盈现代的表情，引人关注材料与形式之间的距离。

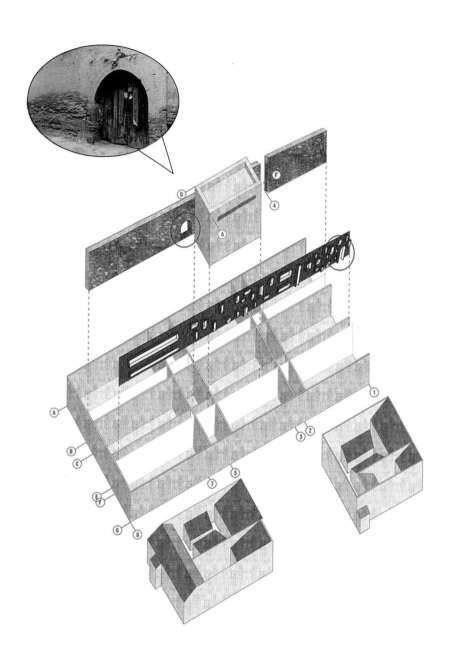

墙的安置
两片具有表情的墙体是整座建筑最初且永久的展品。

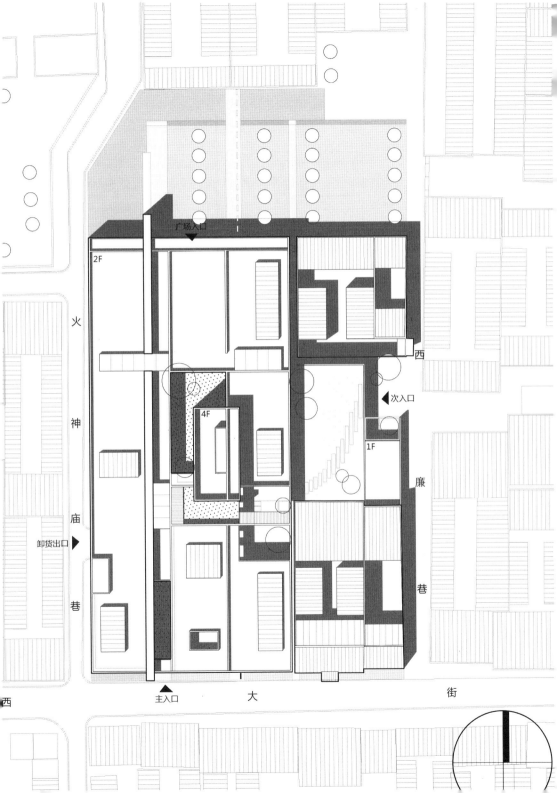

广场入口

2F

火

神

庙

卸货出口 ▶

巷

4F

次入口 ◀

1F

廉

巷

西

主入口   大   街

西

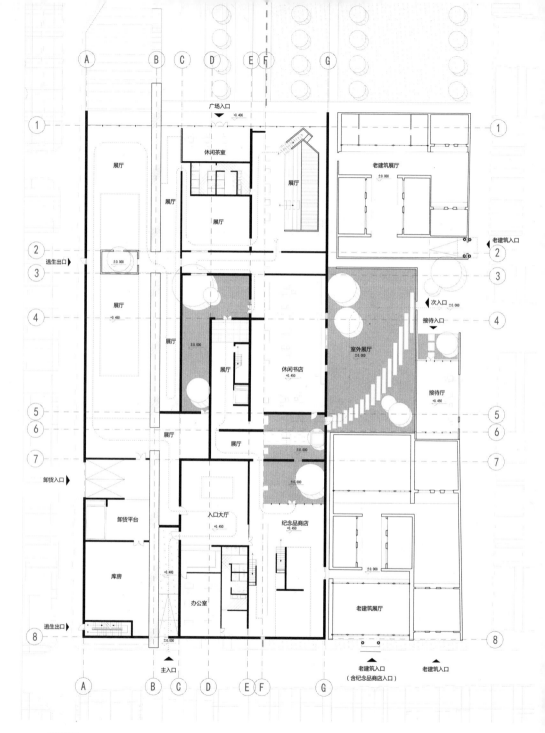

广场入口
+0.400

展厅

休闲茶室

展厅

展厅

展厅

老建筑展厅
±0.000

老建筑入口

±0.000

逃生出口

次入口 ±0.000

展厅
+0.450

接待入口

展厅
±0.000

展厅

室外展厅
±0.000

接待厅
+0.450

休闲书店
+0.450

展厅
±0.000

卸货入口

卸货平台

入口大厅
+0.450

纪念品商店
+0.450

±0.000

库房

+0.400

办公室

老建筑展厅
±0.000

逃生出口

±0.000

主入口

老建筑入口
（含纪念品商店入口）

老建筑入口

一层平面图

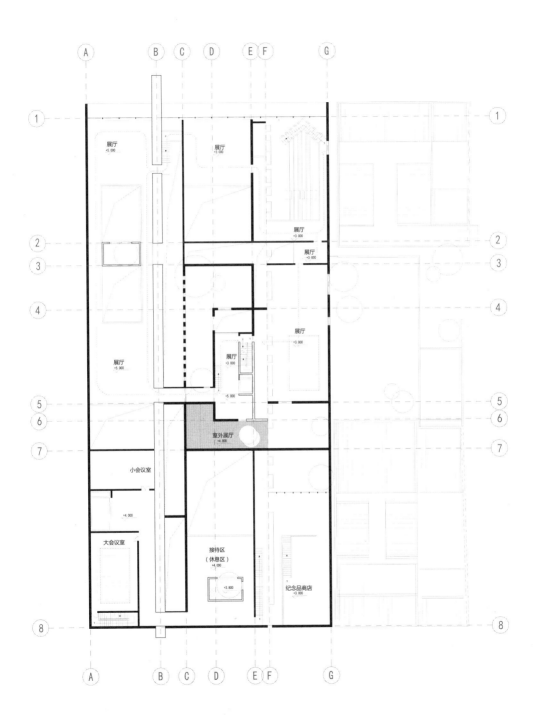

展厅
+5.000

展厅
+3.000

展厅
+3.000

展厅
+3.000

展厅
+3.000

展厅
+3.000

展厅
+5.000

展厅
+5.000

室外展厅
+4.800

小会议室

+4.000

大会议室

接待区
（休息区）
+4.000

+3.800

纪念品商店
+3.000

二层平面图

游戏

建筑师是一项特殊的职业，他的工作同其作品的使用之间永远隔着一个时间差。这天然地构成了设计者与使用者之间的隔阂，除了那些确定不移的元素，如体量、形态、材料、构造等容易被使用者直接感受到之外，试图寻求更多的细腻而生动的交流几乎是一种奢望。

此时，游戏便是一种解决方案。

这里的游戏是广义上的。我们都知道建筑师在设计的过程中，除了对可知的所有外在条件做出回应之外，更需要想像建筑建成后的未来，使用者是如何使用的。那么，如何与使用者对话呢？由于建筑师工作的必然前置，使得一种"魔术师与观众"或"出题与猜谜"的关系悄然存在。建筑师可以在设计过程中埋入一些隐秘的、甚至很私人化的包袱，等待细心的、能产生共鸣的使用者去打开。

碰到这样的建筑师，使用者进入建筑时不仅是做泛泛的、毫无惊喜的浏览。建筑仿佛在某些地方暗藏了跃跃欲试的触角，准备好了同使用者做游戏。此时使用者就变成了游戏的参与者，进入一个充满互动可能、随时制造惊喜的有生命的奇幻空间。邂逅一二处建筑师于建筑空间中苦心经营的伏笔，往往比使用建筑的本身功能更教人愉悦，因为这是一场智力与感受力的对话，使用者是可以带着巨大的满足称心而归的。

石上纯也设计的10米跨度的桌子（2005—2006），简单至极限的令人难以置信的形式撩拨了人的好奇与观看，背后却是种种非常规的材料与结构的挑战，表面蒙木皮的招式正是一种形式与实质间的调侃与游戏。

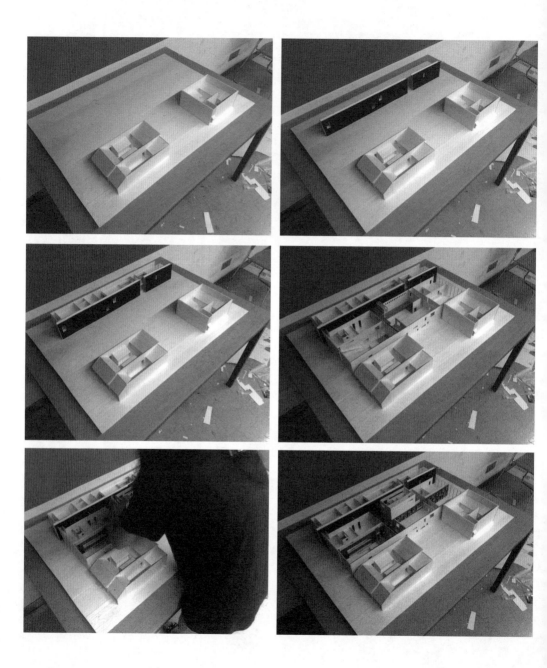

模型演变

模型照片

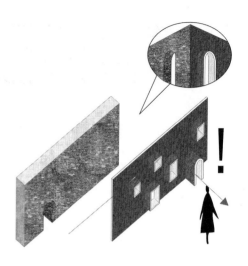

墙的惊喜

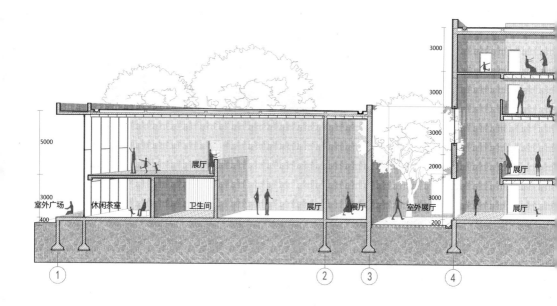

5000

3000

室外广场　　休闲茶室　　卫生间　　展厅　　展厅　　展厅　　室外展厅　　展厅

400

3000　　3000　　3000　　3000　　2000　　3000

① ② ③ ④

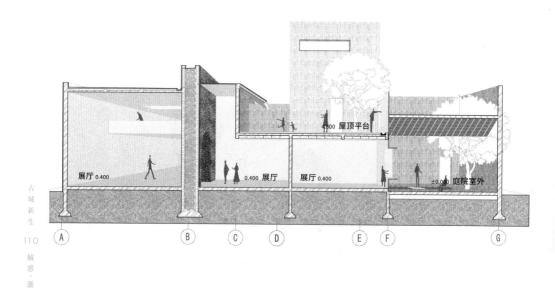

展厅 0.400　　0.400 展厅　　展厅 0.400　　4.400 屋顶平台　　±0.000 庭院室外

Ⓐ Ⓑ Ⓒ Ⓓ Ⓔ Ⓕ Ⓖ

剖面图2

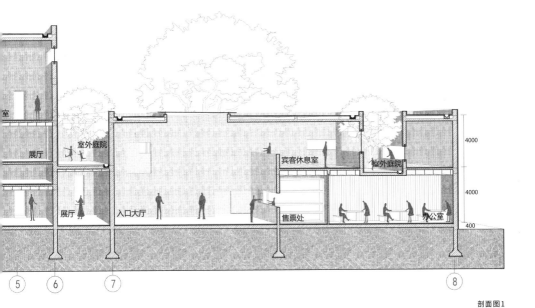

室

展厅

室外庭院

展厅

入口大厅

宾客休息室

室外庭院

售票处

办公室

4000

4000

400

⑤ ⑥ ⑦ ⑧

剖面图1

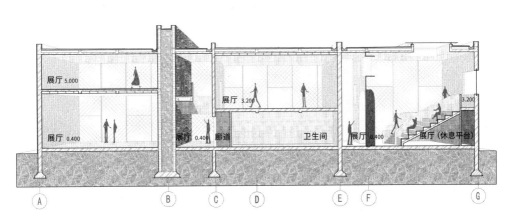

展厅 5.000

展厅 0.400

展厅 0.400 廊道

展厅 3.200

卫生间

展厅 0.400

展厅（休息平台）

3.200

Ⓐ Ⓑ Ⓒ Ⓓ Ⓔ Ⓕ Ⓖ

剖面图3

我的毕设

虽然毕业设计已经过了一段时间，但是每当现在回想在毕业设计最紧张的时候，每天只睡四个小时不到，在专教"喂蚊子"累了就趴一会醒来就继续做的生活，还是觉得很帅很开心，每当我看到自己要做、要想的事情在逐渐条分缕析得越来越清晰时，就更加开心、更加希望自己能够做得更好一点。应该说，我希望自己能够更好一点，哪怕有一点能够获得认可，也是给我莫大的能够坚持下去的理由。设计不是一个人的事，当别人在自己设计面前驻足的时间从短暂一瞥到逐渐停留多了几秒，再到给出自己的建议和赞扬，内心那种开心和满足是难以形容的。

这个学期也是一个训练思考的学期。从一开始的只对老建筑抱有一种救世于危难间的英雄主义思想，再到逐渐开始懂得了解体会真正的当地特色风土人情；从一开始自以为是的设计风格，到为了建筑能存在融合在周围的独特场所之中而设计；从被动式保护，开始明白设计是一个综合性的工作，我们需要考虑更多更多才能够获得当下设计的更好，我们的设计不再拘泥于一个只考虑保护的工作上，而是逐渐自知想要的更多，想做得更多。设计能力的提高带来的喜悦也是弥足珍贵的，在这个学期里，我没有去找实习，没有去分心于其他的事情，而是把全部的心思都放在了设计上，能够安心地全身心的投入一件事情，衷心地希望自己能够变好，想来真的是件特别珍贵而奢侈的事情。

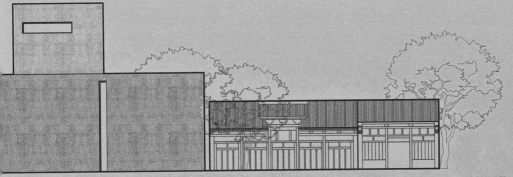

沿西大街立面图

感谢老师，是他让我在对自我设计能力发生质疑的时候重拾信心，让我又有了想发出自己声音的渴望。

想到过去的这个难忘而漫长的毕设，我真的第一次觉得没有一丝后悔什么也没有做到；而对于未来，我开始有了更多的期待：

我希望自己变好，我希望自己能够做得更多、做得更好，我希望自己的设计能力能够更强。我不愿再在设计面前退步，我要将保护和设计结合得更好，我要积极思考应对历史的新的多样的解决策略，希望自己想做的事情最后都能做到。

——姜新璐

祁县有重视基础教育的人文传统，图为私立竞新小学校门（摄于1920年）。

乡

亲

时代烙印并没有因为"古城"绕道而行，该发生的都发生着。

城镇化与"中国梦"的一种

我国正经历着人类史上绝无仅有的飞速建设时期，城镇化成了一个发展的量化目标被提出。在这一过程中，积累了逾半个世纪的城乡二元发展模式的势能突然得到释放，这迸发出了巨大的发展能量，集聚效应、人口红利、充盈劳动力、土地资源，与此同时也涌现出了众多亟待解决的问题。

每年春节前后，中国大地上都会毫无例外地上演全球特有的数以亿计的人口集中流动，并且具有定时性、短期性、大量性、定向性、回潮性等明显特征。这便是人尽皆知的"春运"。

大规模的城镇化，带来了资源与资本的高度集中，在发展中的城市里创造了大量的就业机会，城市中

的高效生产与高额回报模式，对于固守自己的土地、依靠从事第一产业维持家庭吃食与消费的青壮年农民而言，毫无疑问构成了巨大的刺激。因而不计其数的农民变成了"工"，义无反顾地涌入有着极大劳动力缺口的城市，投入城市的建设和日常运行当中。这样的流动带来的效果是显而易见的——农民个人获得了更高的经济回报，而同时也为城镇化的进行与维护做出了无法替代的贡献。

故事的一边如此热烈而疯狂。城市无论其处于初创、发展或是极化的阶段，都贪婪地张开嘴吞食着来自广袤村镇的青壮年，也为这个国家带来了大量的流动人口。他们去城市中寻找机会，经济上，他们正凭借自己的双手为千里之外的亲人改善着生活水平。而他们远去的背影后，留下的又是什么？

留守祖孙

"杀马特"未来

梦的背后

故事的另一边，是另一番景象。与城市建设的热火朝天、城市生活的繁忙喧嚣不同，那些远走城市务工者的家乡，除了沿袭古老的空间格局与生活节奏、田野巷陌、鸡犬相闻的宁静之外。却莫名呈现出一丝丝凋敝的感觉。

这是一个原住年轻人纷纷离开远行的社会，县城里最具体力、充满活力的一批人的集体出行，留下的是家里的老人与小孩。当这种模式越来越普遍，我们便得到了两个词："空巢老人"与"留守儿童"。

人进入暮年，活动能力渐趋下降，虽然有熟悉的同样上年纪的亲眷街坊邻居可以往来，虽然能够三不五时收到来自城市的汇款，虽然春节尚可有一年一度的热烈欢聚，但在最基本的日常生活中却缺乏来自自家后生的支持、交流与关怀。老人独自面对空空的房间、空空的街道，身体上和心理上都以静默的方式遭受创伤。中国传统的"养儿防老"观念，在这个时代的农村似乎开始断档。

儿童的问题似乎就更为严重。固然经济上的补充客观上为他们提供了更好的成长条件与教育资本，但失去父母的陪伴和引导让孩子们变得茫然。课堂之外的时间，缺失家庭环境的孩子或孤独地待在家中，或走上街头同小伙伴厮混，这些未成年人在成长的过程中保持着孤独与麻木的状态。没有更多来自生活的价值观塑造的他们，在不久的将来都会开始面临那些号称来自城市的、被扭曲的所谓时髦实则粗劣的文化形态的引诱，他们在这样的文化中浸泡成长，对他们心目中的"城市人"形象进行模仿，等到他们成年，我们会看到更多的"杀马特"涌入城市。杀马特文化正在带来新的社会隔离，所谓文化精英讥笑并唾弃"杀马特"们，可他们没有想过整个社会共同造就了"杀马特"文化，更没想过去改变这些"未来杀马特"的未来。

聚居地社区危机

外来猎奇者奔向的物质性文化符号,其内核却面临文化的全面缺失与聚居地社会的涣散。

留给大家想象中那浓浓的乡情已经发生了异化。虽然近年来在城市治理中不断强调向"社区"概念的转化,但传统的、最原初的社区已经难觅踪迹。

全球化与城镇化的冲击并没有止于大中城市,也同样给祁县这样的城市带来了更多外来者。一方面城市的建设热潮早已绵延至古城东隅外,大规模的商业地产开发带来为数甚巨的建设者;与此同时县城日常运行所需的及旅游业所带来的服务业又吸引了来自更偏远地区的劳动者。古城既没有来得及建立起大中城市那样现代高效地运转体系,较为粗放低质的服务链条又被外来务工人员充斥着。

这样一来,物质空间上缺乏更新,没有新的公共空间与基础设施提供的同时,陌生人在地方社会中的比重又不断加大,发展旅游业所催生的浓厚商业气息,居民之间的冷漠、隔阂开始增加,从而共同构成了一个交往无法促进、邻里逐渐瓦解的社会图景。如果用流行的"社区"概念来衡量,这是一个典型的社区精神缺失的社会。

反映在城市与建筑空间层面上,这便明显地表现在公共空间缺失、空间的场所感与归属感缺乏上。

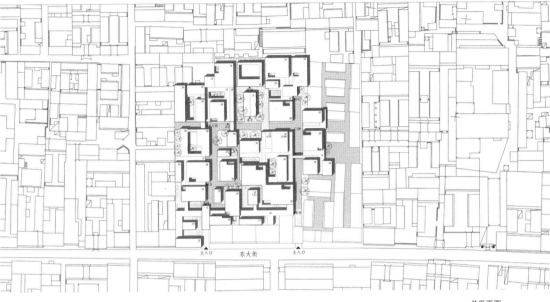

总平面图

古城新生

121

解惑·乡亲

老龄化社区

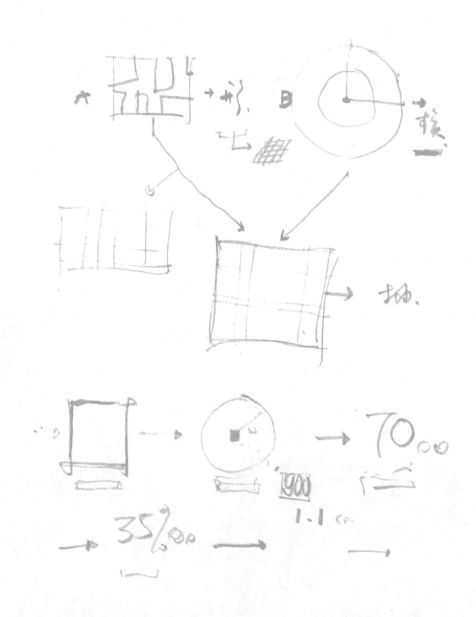

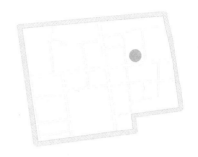

古城历史街区中的居民正在遭遇这个国家在这个时代的社会性阵痛：空巢老人、留守儿童、设施不敷使用、街区缺乏活力。大院中传统的居住模式已然解体，作为历史城镇底色与背景的社区，如何既能提供满足现代居住标准的居所，又能促发社区居民的交流活力，是具有巨大挑战与研究价值的课题。从城市规划学中现代居住区规划设计的科学方法出发，以对应于具体用地面积的一系列理性的数据运算并推导出一个最小现规模代社区中所能容纳的人口、家庭、户型、建设规模与各类设施标准，并基于古城用地条件与历史肌理，将其有序地镶嵌进古城当中。幼儿园、凉亭与剧场等有针对性设置的基础设施、贯穿社区始终并串联若干老人与儿童活动场地的"游廊菜场"——一系列公共空间的植入，试图唤起古城居民尊严而和谐的生活。

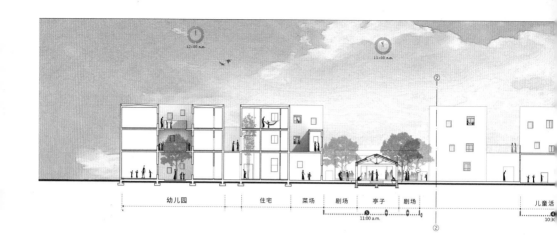

幼儿园　　　　住宅　　　菜场　剧场　亭子　剧场　　　　　　　　儿童活

11:00 a.m.

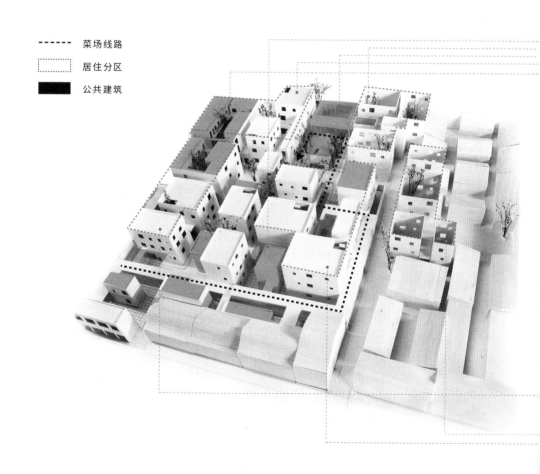

- - - - - - 菜场线路
.... 居住分区
████ 公共建筑

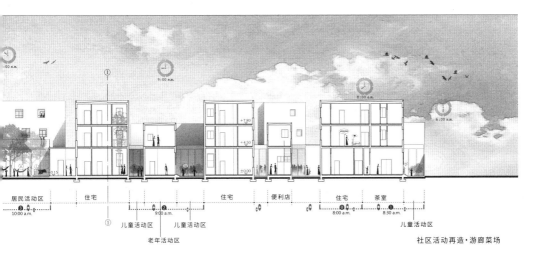

居民活动区　　　　住宅　　　　　　　　　　　住宅　　　　便利店　　　住宅　　茶室

10:00 a.m.

①　　儿童活动区　　　儿童活动区　　　　　　　　　8:00 a.m.　　8:30 a.m.　儿童活动区

老年活动区

社区活动再造·游廊菜场

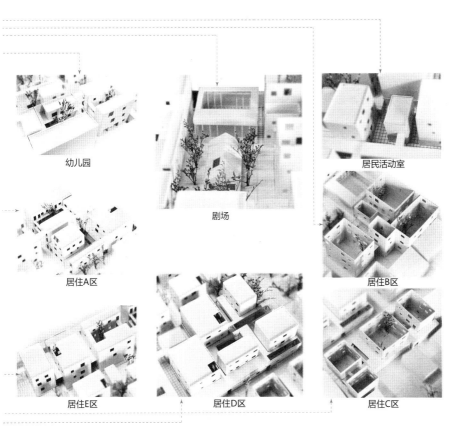

幼儿园

剧场

居民活动室

居住A区

居住B区

居住E区

居住D区

居住C区

社区功能与路径

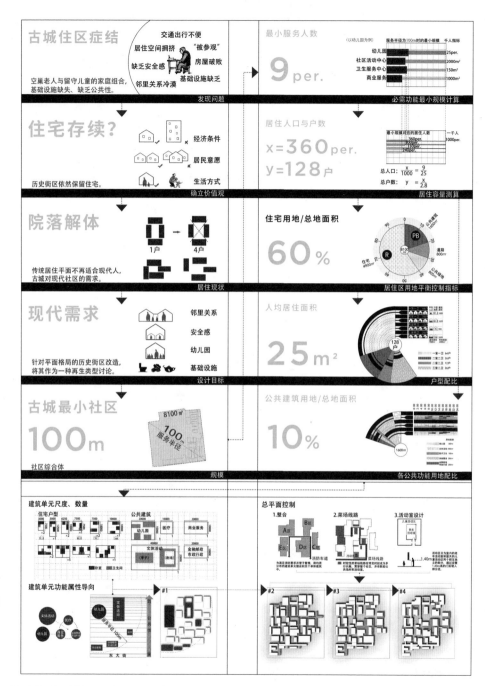

基于当代居住区规划原理，从居住人口、家庭类型、配套规模、服务半径等入手，通过建立计算模型配置出"古城最小社区"，并严格贯彻到基本户型与建筑尺度。很显然，设计所希望解决的已经不仅是祁县的个案问题，这是一项关于老城社会更新的普适性实验。

普适性实验

祁县所遭遇的问题,并不是偶然的个案,而是今日中国普遍存在的问题。

对这样的历史城镇而言,我们姑且说发展旅游业能够带来经济上的振兴,提倡历史风貌保护能够帮助文化上的复苏,那么对于地方社会,治理方采取了什么措施保证其和谐发展呢?然而对于在地居民而言,他们所生活的社会恰恰才是最真实的。

虽然我们面对的是一座古城,但如果我们能摆脱碰到古城就习惯性地讨论风貌的问题,裸形地在社会角度进行分析,探索一种重建在地社区的模型。这不仅是为某座古城,同时也是通过祁县这样一个普通古城,为众多有着相似遭遇的历史聚居地寻求一种普适性的尝试。

那么,现代生活离历史街区究竟有多远?以满足当代居住生活为目标制定设计规则的居住区规划原理,能否成为历史街区焕发新生、重归当代生活的参照系?

事实上,虽然在物质空间层面,传统的大院多被保留,然而居住其间的居民的居住方式早已被改变,与此同时低层高密度的古城格局也令空间重整变得困难。而真正的困难,更来自于社区重整的模式考量、人口规模测算、所需增加的功能议定、家庭结构与户型定位、家庭与公共部分面积配比等一系列技术问题,对它们进行理性梳理和研究是重塑古城社区的基础。

公共空间的塑造及居民公共性活动的引导则是重塑社区的核心要务。老人的交往、儿童的培育、服务的提供、社会的融合,无一不需要依托公共空间展开。因此大量的多样的公共空间(幼儿园、菜场、剧场、茶室、便利店、中医诊室、室内外活动场地等)需要被植入到社区中来,它们将带来物质空间的提升,同时也促进社会的新生。

保健室

办公室
±0.000

居民活动室

卫生间

卫生间

门卫室

−0.300

−0.150

幼儿园

剧场
±0.000

儿童活动区
±0.000

亭子
−0.300

±0.000

A区

公厕 ±0.000

儿童活动区

D区

B区

C区

B区

−0.150

洗衣房

餐厅
±0.000

教具陈列室

−0.150

配餐间

公厕

药房

诊室

诊室
±0.000

儿童活动区

儿童活动区

−0.150

D区

E区

儿童活动区

茶室
±0.000

便利店

儿童活动区

居民活动室

老年活动室

儿童活动区
±0.300

菜场

−0.150

菜场

茶室

儿童活动区
−0.300

商铺

社区办公

金融邮政

主入口

东 大 街

主入口

一层平面图

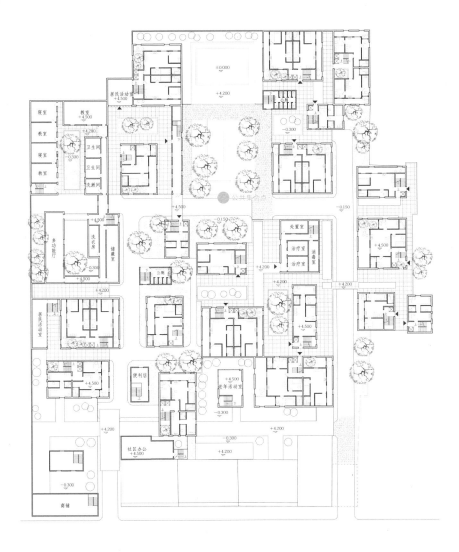

寝室

教室
+4.500

教室

教室

居民活动室
+4.500

±0.000

+4.200

−0.300

教室
+4.500

+4.200

卫生间

卫生间

洗漱间

−0.300

多功能厅

洗衣房

储藏室

+4.500

+4.500

−0.300

+4.200

公共服务中心

+4.500

−0.150

处置室

治疗室

治疗室

消毒室

+4.200

+4.500

+4.200

+4.200

居民活动室

公厕

+4.500

−0.150

+4.500

+4.200

便利店

+4.500

老年活动室

−0.300

+4.200

+4.200

−0.300

社区办公
+4.500

+4.200

−0.300

商铺

二层平面图

社区生活故事线
破裂的社区要重新缝合，设计者就不能止步于做出一个空间，她要设计的，是场景、故事，以及生活。

再现黄金时代

古城在很多时候是像桃花源一样的存在。现代居住在大城市的人，将远离黄金时代的古城作为放松精神、舒缓压力、猎奇游赏的所在，为的是体验被岁月尘封的另一种生活。

然而对地方居民而言，他们要继续在这片土地实实在在地生活。老人要在这里变老，孩童要在这里长大。这里需要变好，社区需要重塑。

同时"祁县们"事实上已经成为整个国家的大后方、劳动力仓库、养老院和童子军营。大城市的光鲜终究是礼花一样点状的存在，更广袤的国土上的老人、孩子的生活形态，可能更接近这个国家老人、孩子的生活形态。它们的兴衰，可能关系着整个国家的兴衰。

因此，无论从哪个方面来讲，都需要所有人共同努力，再现祁县们的黄金时代。

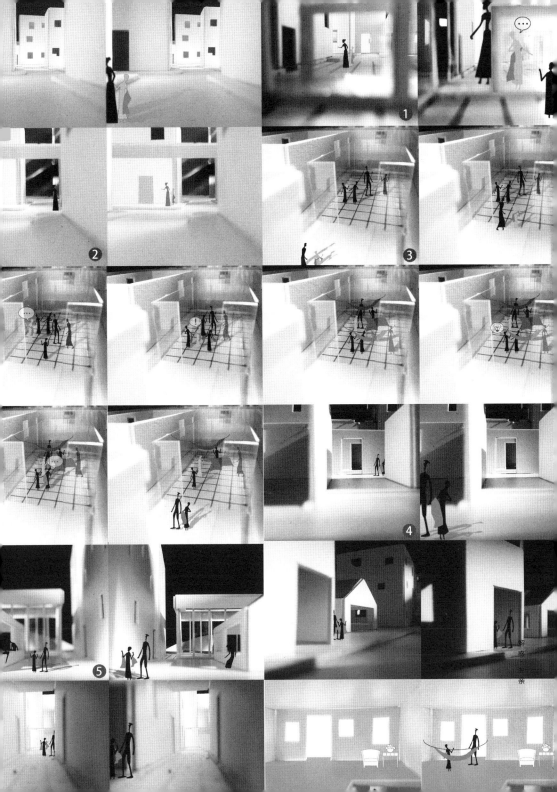

亭子

-0.60

-0.15

剧场

儿童活动区

为新社区与新人群准备的剧场与幼儿园

我的毕设

大概因为毕设是申请季结束后的第一个设计，在做作品集的过程中我一直在获得两种情绪：一种是终于为自己找到一个说辞，完全以内心输出和个性表达为目的去做一件事，因此从中得到某些自我肯定的时刻和理所当然以自我为中心的心理感受；另一种是同时又不断强烈地自我怀疑和自我否定。这两种情绪循环往复，彼此接踵而至。当毕设出现在我终于得以暂时摆脱这两种情绪的时候，我决定用平和的心态做一件不是很拧巴的事情。

毕设的题目简单来说就是在一座古城内做设计。在六十公顷的古城内自选基地，建筑类型自定，看似是一个宽松的开放性题目，然而四年的学习中，我深刻体会到的一点是限制可能性往往会降低难度，可能应付完局促现状扔过来的问题，完成度就差不多到了可以交作业的程度了；反之，在可能性看似很充裕时，则更考验我们作出价值判断的能力，想要跃跃欲试表达自我的肿胀内心反而更有必要被按捺下去。

设计的思路和深化过程在设计说明中已经说过了，无须再提。其实如果一定要给自己的毕业设计写一个定语的话，我觉得是某种可以落地的"人文关怀"，是在试图解决历史街区中人的居住问题。每当我们谈起尊重历史或者解读历史时，往往会内心过于恢宏地去关注"上层建筑"里的内容而忽略到一些基础问题。原住民的生存问题实际上就是基本得不能再基本的问题，在我当时可能稍显武断和冲动的心理状态下，觉得在解决居住问题之前，谈与环境的协调、风貌的继承、活力的提升等问题都是过于乐观的价值判断（当然它们一定需要出现在每个设计的深化思路里）。我稍微理解一下自己的立场，认为是尊重历史并且对历史街区的人文内核怀着敬畏之心的。

在答辩现场，很多同学都被评委老师问到一个相同的问题：你觉得你的设计放在这个古城和放在其他古城有什么区别？同学们当然都有备而来，对自己的设

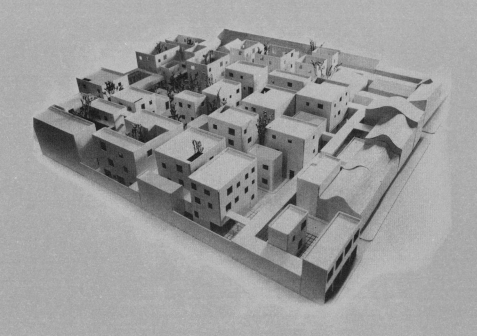

计中体现出的地域性和特殊关怀做出解释，有理有据。天知道我当时有多想被问到这一题，因为我的回答应该是与大家相反的：既然居住问题是在所有古城中普遍存在的，并且造成问题的原因也是大体相似的，那么在一个古城中做出的价值判断及设计逻辑当然也可以被作为一种普适的再生类型进行讨论，追求地域性反而不应该在这里成为主题或者目标之一。可惜老师没有问。

最后，还想谈谈毕设过程中我对"弱设计是否真的存在"这个问题的一些思考（因为在毕设之初有同学提到过历史街区更适合弱设计的立场）。我觉得追求相似性并非能被归纳为我们通常所理解的"弱设计"，与环境相似的设计结果和与环境形成对比甚至冲突的设计结果（前提是设计者抱着"平和的心态"而得到的某种对比）其实一样，都应该能被人们读出来，无论是生活在氛围中的人还是以非人视点在阅读设计的人，都需要能直观体会到设计带来的改变，如果是向更好的方向改变，就足够令人感动了。

——黄垚

魁星楼，又叫文昌阁，位于县城南城墙上，又是文庙的状元桥、棂星门、大成殿的中轴线南端。现已不存（约摄于1935年）。

印

岁月抛弃的，我们保留，此之谓记忆。

痕

巴米扬大佛遗址
世界文化遗产阿富汗的巴米扬大佛，2001年3月12日被毁。

477－499年 北魏太和年间
周长四里余三十步，高二丈五尺，
厚一丈八尺。四周挖护城池，池深
一丈。

1580年 明万历八年
知县张应举又加大修缮，形成古代
城墙最终规模。环城周整修护城池，
深一丈，宽三尺；内有护墙一道，高
六尺，外敷河堤，高七尺，宽一丈；
城壕外遍植柳树，计二千余株。

民国时期
城南墙靠东处，出现下陷情况，为
加修补。城门重楼只保留东、西门
两处。

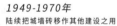

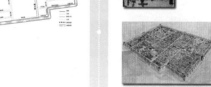

1949-1970年
陆续把城墙砖移作其他建设之用

1970年
土墙推入城壕，垫平地基，改建公共
建筑物。自此，名义上的"城"已没有
界隔标志，和原来四关融为一体。

2040年
未来的2040年
祁县昭馀古城的边界会变成什么样？

城墙的历史演化

历史的足迹

我们常误以为像祁县这样的古城是历史,其实历史是人类活动的印记。耕种是印记,开采是印记,建设是印记,毁灭也是印记。

人类文明长河中总是会有相互制衡的力量,有人愿意保留历史印记千秋万代,有人即使什么新的也不树立,但就是愿意清除旧的。无论哪种,都同记忆有关,无非是希望在记忆中长留某些事物或者抹去某些事物。除去少数自然之力出手干预,大多数是带有强烈的意识形态诉求的。因此说,历史从来都是某些人的历史,历史是被不断刻意涂抹和改写的。

祁县县城今址始建于北魏太和年间(477—499年),距今已有1500年历史。祁县(昭馀)古城东西长835米,南北长690米,周长约3公里,面积为54.9公顷。明万历年间祁县城墙由土城改为砖砌,1958年后东、南、西、北四座城门相继被拆除,1970年,祁县城墙被推入城壕,地面的边界标志不复存在。曾经对于祁县古城至关重要的城墙的消灭,留给我们一圈暧昧不明的,或空置或为其他建造痕迹所遮盖的古城边界。

在太多不同地方,我们能见到这样令人遗憾的事件,然而往事不可追,今人只有面对现实。

怎么办?

原真性之辩

历史街区保护，说到底是一个价值观的问题，即你以什么样的态度去看待和评估这些留存至今的历史之物的问题。既然存在不同站点及商榷裁量的可能，便会有见仁见智的应对办法。策略的不同取向，自然会产生争论，尤其是对于一些关键问题。

"原真性"一词在1994年《关于原真性的奈良文件》中被着重强调，并成为之后文化遗产保护界公认的基本原则。然而，对"原真性"一词内涵的理解，却仍存争议；论及应用，则南辕北辙、指鹿为马、挂羊头卖狗肉者众矣。我们看到从"修旧如旧"到"修旧如故"的嬗变，看到众多假古董的"借尸还魂"。事实证明，如果不能以一种较为理性的价值观去选择保护策略，保护在许多时候反倒成为文化遗产最大的破坏力量，多少珍贵的文物，只落得修其貌而丧其魂的境况。

那么对于祁县业已不存的城墙遗址，又该如何理解与再生呢？最为简单的办法似乎有二：一为复建，按照文献资料原封不动地复原城墙，然而这显然是在塑造假古董；二为听之任之，不做任何动作，节约资金并且至少保持现状。然而，这就是今时今日的我们为这座古城所能做的一切吗？

祁县"悬塔"，雄踞于山西省祁县峪口乡洞村的一座山岭之上。近日有关部门经过论证，决定恢复其"完好"形象，不日即将开工。

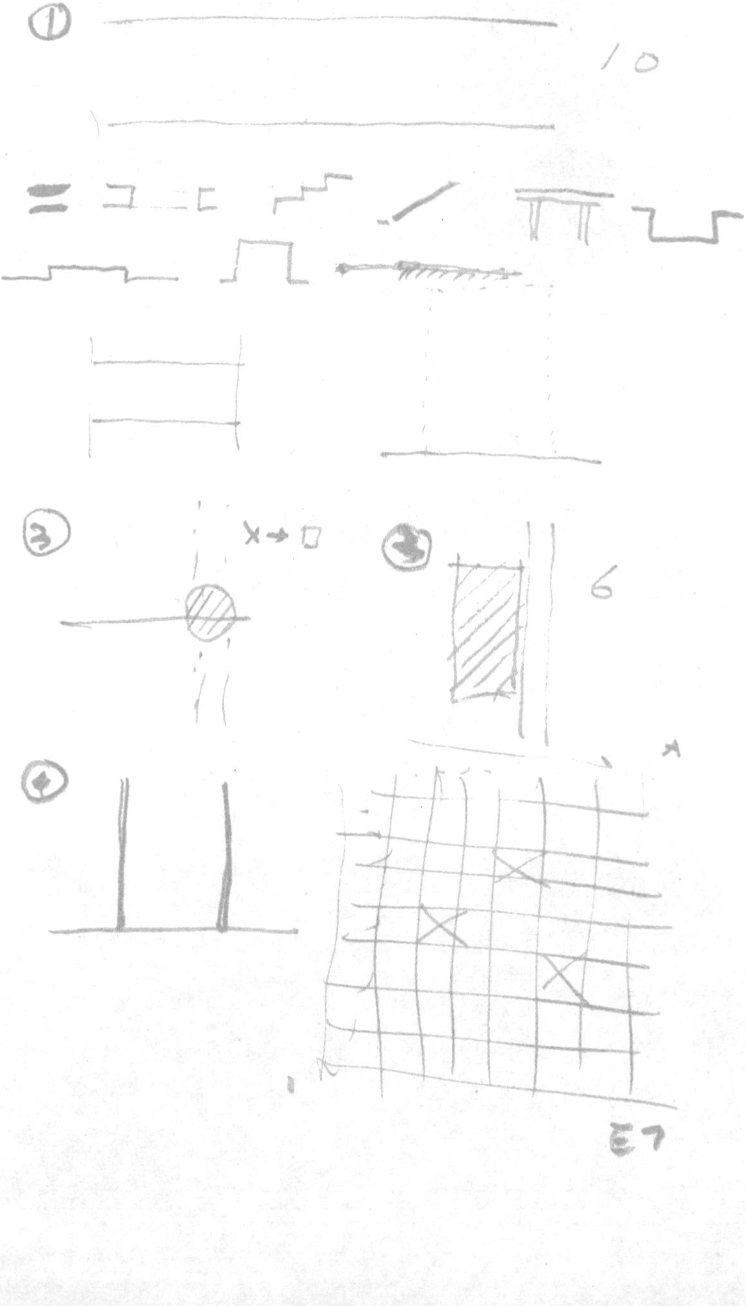
10
6

1970年，祁县城墙被推入城壕，地面的边界标志不复存在。——在太多不同地方，我们能见到这样令人遗憾的事件，然而往事不可追，曾经对于祁县古城至关重要的城墙的消灭，留给我们一圈暧昧不明的古城边界。重塑这一边界的努力并非要"造假古董"式地复建一道城墙，而是结合城市现状空间与未来发展方向，营造多样性的古城边界，同时作为边界标志物、对于历史遗迹的纪念与提示、观景平台、公共空间、基础设施、新增功能体量、生态系统、交通枢纽、入城节点等存在，正是将这一遗憾转化为机遇，重新带动古城空间品质与活力的提升。边界的意义还在于将社区与游客活动交织，将生态廊道与边界标志物并置，以及将地下快速交通与古城入口设计整合等。

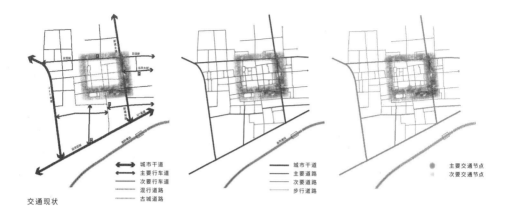

⟷	城市干道
⟷	主要行车道
—	次要行车道
┈┈	混行道路
··········	古城道路

—	城市干道
—	主要道路
—	次要道路
┈┈	步行道路

●	主要交通节点
·	次要交通节点

交通现状

资源现状分析

需求·资源

对于祁县古城而言，客观上是需要边界的，无论从城市形态的完整性上还是从历史记忆层面来说都是这样。现在的祁县古城，四面虽不至于门户大开，但却是不完整的。

如果不只是就事论事地讨论城墙的问题，我们应该能够看到更广的范围。事实上这样一座历史悠久的古城，当下所呈现的问题已远不仅是缺失了城墙这么简单。这样一座密布了大院的古城，在公共空间方面是极度缺乏的，即便有意增建也苦于没有足够空间；由于这座古城并非遗迹，而是仍然作为人的居所被使用着，那么以当代的标准来衡量，其在提供给居民活动的城市绿地这一项上可以爽快地画上一个"零"；古城缺少有效的泄洪系统；较为均质的居住建筑之外，缺乏服务于居住的功能配置；历史街区中共有的基础设施缺乏的问题也同时存在；老城的城门遗址，如今只是由几年前草成的牌坊标示，是几处尴尬的存在；从高速公路引导来的车流，其进入古城的方式并没有被合理组织；古城西侧城市道路密度较低，面向古城的可达性差；缺乏明确的入口节点；缺乏游客服务中心；没有提供必要的停车场等。从诸多方面来看，这样一座古城都已经不敷当代使用。

然而此时再回望城墙遗址带，却在客观上于古城边缘释放了大量的可供规划与建设的空间，这为重整古城边界，进而重塑古城的多元化硬件系统，提供了难得的机遇。

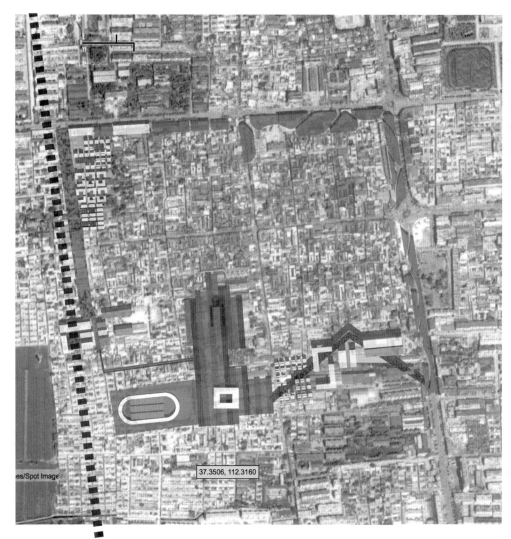

es/Spot Image

37.3506, 112.3160

■ 下穿地下车道

总平面图

重生的机会

祁县古城城墙的重生，势必成为牵动整个县城甚至县域范围的事件。因其将对城市空间格局、交通系统、景观系统、生态系统、产业配套、社区服务、历史界面、空间节点等方面同时产生影响，也是重塑祁县古城形象的重要举动。

重生方案简言之，是围绕古城遗址及其沿线内外部空间设置一条生态环。之所以是"环"，是基于现有土地的可利用情况进行考虑，同时回应历史上城墙的基本布局；然而这条环是丰富多变的，既在空间尺度上，又在功能设定上，呈现多段化、多样化的总体格局。除了提供一条环城绿带作为基底以外，还在不同段落结合文庙、小学旧址等开敞空间设置公共空间，结合相邻社区设置服务功能及场所，在入城口处放大成为入城节点，并在西入城口处结合下穿城市道路形成入口广场与游客中心，于该环城绿带中整合布置基础设施。

在这一部分，我们讨论的要点是：古城需要什么？它的机会在哪里？不是消极地对待城墙遗址这样的特殊空间，而是要把握住一次难得的系统重生的机会。

环城绿带是一条不间断的不同宽度的绿色生态带。无论宽窄，都有露明水池充当泄洪排水之用，弥补老城排水系统老化的缺陷。另外结合不同宽度，设置为不同植被的绿色空间类型，并赋予不同使用功能。

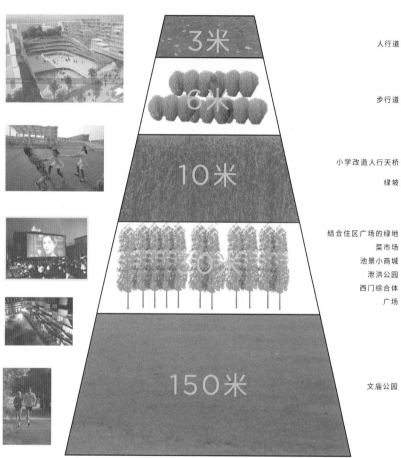

人行道

步行道

小学改造人行天桥
绿坡

结合住区广场的绿地
菜市场
池景小商城
泄洪公园
西门综合体
广场

文庙公园

新边界的类型学

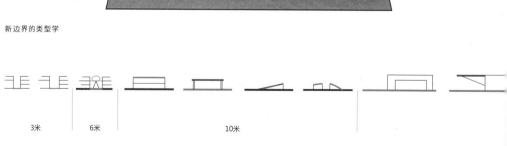

3米　　　　6米　　　　　　　10米

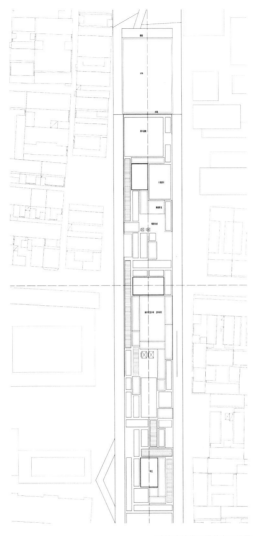

城墙遗址带西门节点平面图

30米

100米

不同尺度级别下的边界策略

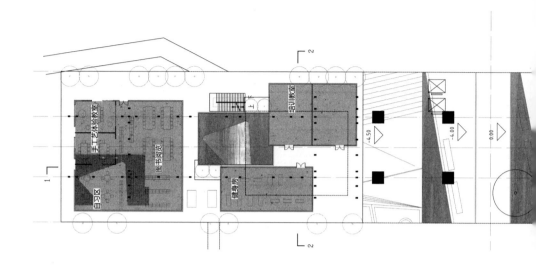

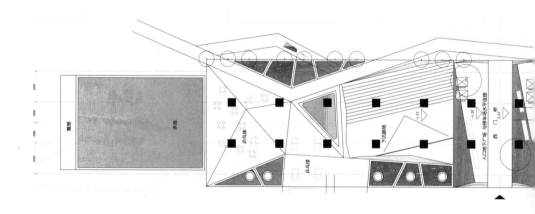

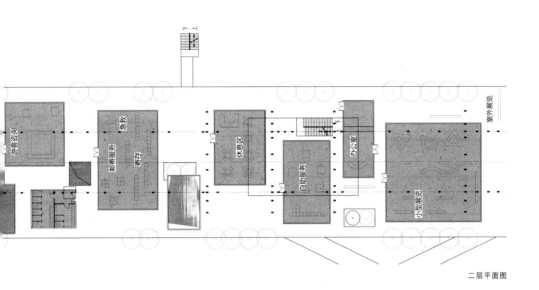

二层平面图

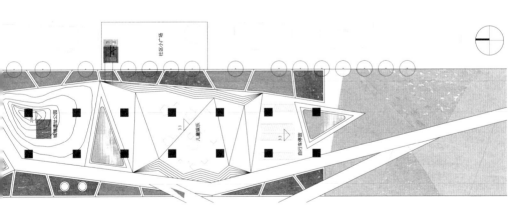

一层平面图

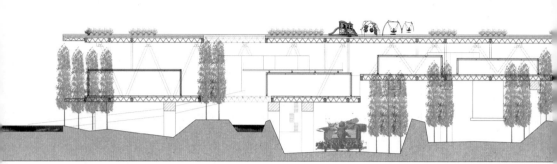

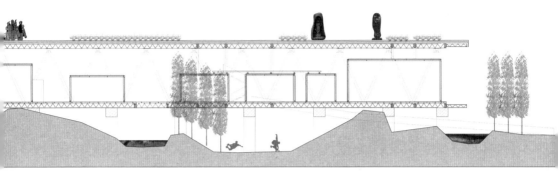

剖面图1

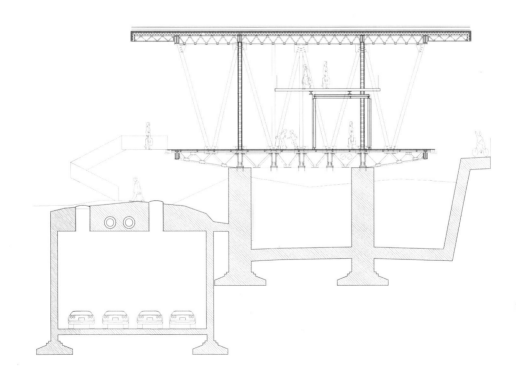

剖面图2

我的毕设

毕设过去后，疯狂玩了两周，心里面感觉空落落的。毕业设计的五月份是非常充实、痛苦的一个月。毕设前我心里面就一直在追问自己："设计是否需要天赋"。尽管有过给自己鼓劲，告诉自己没做好是努力的程度不够，然而毕设阶段，我发现设计于我，一直有一个黑箱：我并不知道如何基于一个概念调整自己的设计，即老师所说的"推敲""完成度"。我总在对初步概念的纠结、怀疑中度过。

坦白说，毕业设计让我十分困惑。大学几年，这种交图后的无力迷茫有两次，上一次是城市设计。答辩前，面对那个仓促而就的模型，我想：如果再给我一个月，我会怎么改这个设计。不同于以前作业交图前的唏嘘不已和热情，这次我并不知道这个设计是否成立，又应该怎么做。对于每个设计题目，我都找到一个合适的答案，但这个题目直至最终，还是没有找到。

基于这两周的思考，我想，最终成果如果现在的成果作为中期或中期以后两个星期是可以接受的，放到终期，则确实深化不够。有几点：作为单体设计基础的城市设计是否可行？作为单体，是否要求要有界面感？单体所采取的长条形体量、桁架大跨结构、简支梁支撑形成的形式，在老城中是否会带来结构的异类感，有没有必要在老城中作为"黑羊中的白羊"，成为"非日常"的建筑？这是否是一个造价过高的建筑？

如果退一步，就算时间紧迫，我放过对城市设计、结构策略的推敲，认可环城绿地的城市设计概念和大跨的结构形式。绿地层面的标高；绿地层、单体一层与地面和地下层的联系；单体一层各个盒子之间的关系；单体各个盒子的高度的确定和二层空间具体的使用，我想以上几个问题都是我需要进一步"磨"的。

记得五月底有一天，在专教待着很想哭很无奈，觉得在"磨"设计——无法掌控自己的时间进度，不知道怎么总结过去设计的经验，不知道这次会做出什么怪物。想起在欧洲看到柯布在费尔米尼（Firminy）的集合住宅，感动得想哭，阳光、绿地、自在的生活，那一瞬间觉得建筑、城市就是要让每一个生活在其中的人感受到自己被尊重。然后……我画了好多小动物，很开心……

——肖思洋

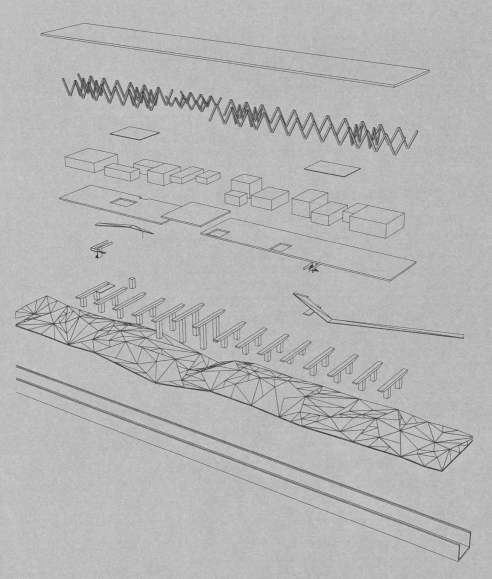

西门节点分层拆解轴测

祁县晋剧票友老照片

问

互相观望：一边是换个地方体会不同的生活；一边是居于一处遇见不同的人。

俗

游客所到之处，如果皆是刻意打造的"舞台布景"，那么旅行这件事自身是否还有意义？然而遗憾的是，我们跋山涉水想要感受一处民风民情，却求之而不得。现实往往是未经开发的村落基础设施奇差、极难抵达，尚能保有淳朴的乡情，一旦交通便利、旅游搞活，旋即发生令人生厌的恶俗转变。

我们需要感受在地社会原生态的生活形态，同时也要警醒自己，强迫他人保持落后的生活是否足够道德。在地社会同样需要发展，在地社会应当被允许发展，唯此才能避免动物园式的观赏，进入有尊严的交流的层面。

景区奇观化

所谓"民俗"

古城发展的均衡状态

作为一座仍被居民使用的古城，为了在经济上有所发展，推动旅游业自然是无可厚非的，而地方社会的发展也应当得到足够的重视。然而现实情况中，前者被重视自不待言，在许多地区由于鲜有可供利用的资源，旅游业往往会因其带来可观的经济收益而被过分挖掘，从而形成压倒性的力量，政府甚至居民都为之倾倒，反而失去了文化遗产本应有的样貌。地方社会的发展受到了压制或被引向歧途，最终以媚俗地讨好嘴脸示人，失去了地方文化的实质。在这样的氛围之下，旅游业想要提升质量、想要走得更远，也是非常困难的。

要恢复到一种均衡的状态、保持地方社会与旅游业的发展后劲，便需要在发展旅游业的同时兼顾社区的建设与地方文化的涵养。地方管理者在资源分配方面需要具有更广阔的视野，发展旅游业所获得资金应当更多地流向社区配套功能与基础设施的建设上，用以涵养在地社会；结合地方民俗开拓一些适合居民参与的事件、节场，用以催生社会文化活力。这些举措终将反过来助力旅游业推向深入，获得更好的发展。

该类古城的发展进路应提倡经济与社会并重，在二者长期共存的基础上有所交织，并基于此创造出新的火花。

文化的样貌

如果不是将"文化"符号化，我们会发现作为一个巨大的范畴，在许多情况下文化不是硬的，而是软的。在可以以具象的外形被感知的同时，也有不具有固定形态的部分。这便是物质性（tangible）文化遗产与非物质性（intangible）文化遗产的区别。

若以一种朴素的方式退回文化的本源来看，无论有形或是无形，文化是一种生活方式。使其区别于自然遗产的地方，在于有人的存在，个人、家庭、宗族、聚落、社会等在不同地理环境下的生活方式，积淀成了其各自的文化，也是我们能看到如此色彩斑斓的文化图景的原因。人们之所以要旅行，是要离开自己所在的自然环境和文化圈，去到别的地理环境，看看完全不同的曾经有过或正在发生的生活方式、事件或痕迹，而这些方式、事件或痕迹，往往是伴随着立体的多样性的人的活动出现的。

因此，文化需要接触与体会。领略一处独特的自然地貌、建筑式样固然能带来直观的感受，但饱满生动的"风土人情"是要通过人的行为活动，以一种凡俗而非戏剧化的方式展现的。

耕种、起居、饮食、手艺、交往，文化无非是在地居民安身立命的方式，因此保住原住居民并帮助他们的生活进步，是保住地方文化的根基。

凝固的文化

真实生活

在历史城镇的保护与更新中，一种平衡状态越来越被重视——发展旅游，一方面给地方带来了资金的注入；另一方面却没有提高甚至压缩了原住民的生存空间。如何让来访者能够领略原生而淳朴的地方文化与民风民俗，同时令原住民的生活条件得到改善，是不容回避的重要话题。现存为数不多的县级文保单位之一文庙所处位置深藏于祁县西南隅，并一度被划入祁县中学校区范围，随着学校外迁，在解放了文庙的同时，也释放出了周边大块用地。一方面经由西大街构筑通往文庙的文化通路；另一方面比照历史建筑肌理营造小型居民社区，并将二者通过路径、场地与灰空间相交织。广场及多功能的灰空间的引入，整合了周围复杂的异质功能，强调了文庙的地位，并成为居民与游客两类人的交流场所。

场地范围

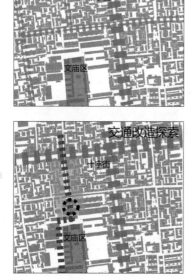

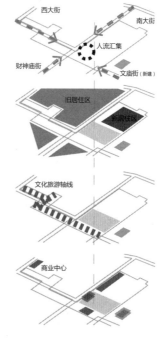

"到文庙去"

卷入

真正体验在地文化的方式，仅让自己身处自然环境与置身于城市建筑当中是不够的，需要走进在地社会的文化场内。因为空间仅仅是文化的载体之一，空间–社会复合体才更接近文化的真实状态。

外来者需要近距离接触原住居民，卷入他们的生活氛围当中，而设计者需要为他们创造这样的机会。

游客同在地居民之间终归是两个独立群体，会有距离感与陌生感，而设计的目标是改变仅仅走马观花式的观看为投身参与。这需要结合地方实际条件，在空间布局、功能设置、路径组织、活动策划等几个方面有意识地进行组织。

祁县最大的公共历史建筑文庙地处古城西南隅，南向入口紧邻城墙遗址边缘，加之多年划归祁县中学校区范围内，人迹罕至。随着中学校址外迁，组织由古城较为繁华的"金十字"主干道引向文庙的叙事线索，是文庙节点活化的关键内容。设计设置了西大街至文庙的游人路径，并令其穿越文化展览馆、艺术家工作室、社区多功能市场、市民集会场地，从而在向文庙行进途中穿过原住居民不同类型的生活断面，以卷入的方式近距离体会在地文化。

叙事·生活

基础设施得不到完善、居住配套不能到位、公共空间缺乏，在地社会居民的生活水平无法得到提高。消极情绪默默在古城中累积，居民冷眼旁观外来的游客，漠然体会着自己像橱窗里的展品，被人玩赏。

在喧嚣的表面下，这是何种吊诡的心理氛围。

居民需要有尊严地生活。他们要求不高，只是一些最最基本的居住条件改善、功能设施达到水准，他们需要有除家门与街道之外的活动空间，与人日常交流或是参与节庆活动之类的。如此而已。

因此，"常住不走"的居民和匆匆而过的过客便有了相对平等的位置，使他们可以互相讲述。以集会广场为中心，将居住区与游览路径并置、穿插在一起，居民可以在自己的家庭、庭院、街道、广场中平静生活，并淡定地招呼来人："这是我的家。"这样一种日常生活可以随心情向来人打开，进而促发人性的平等的交流。

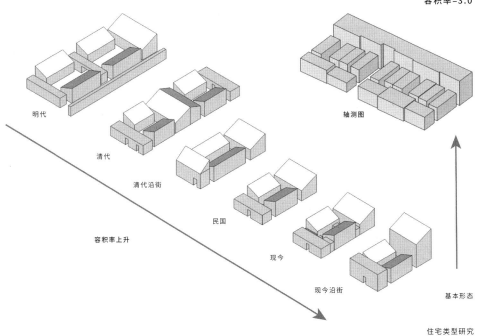

古城中高密度的集合住宅
容积率=3.0

明代

清代

清代沿街

民国

现今

现今沿街

轴测图

基本形态

容积率上升

住宅类型研究

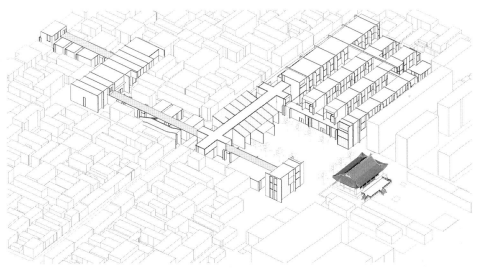

轴测图

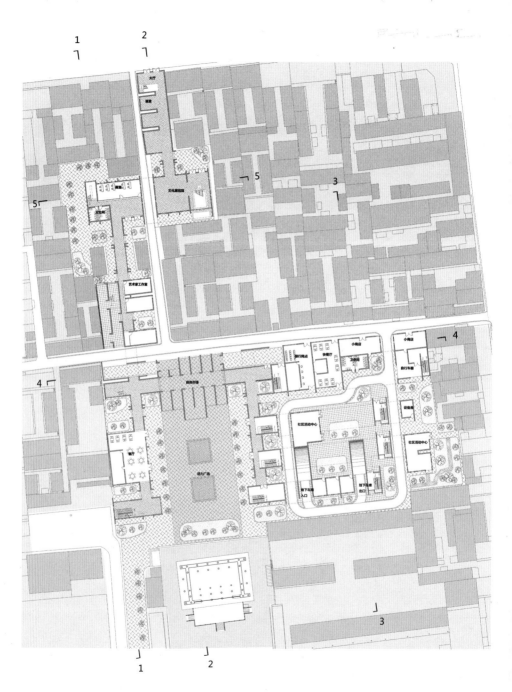

1

2

大厅

展厅

5

3

文化展览馆

5

艺术家工作室

卫生间

阅览室

图画

4

小商店

小商店

银行网点

快餐厅

自行车库

4

商业市场

设备间

餐厅

社区活动中心

社区活动中心

活力广场

地下车库
入口

地下车库
出口

3

1

2

一层平面图

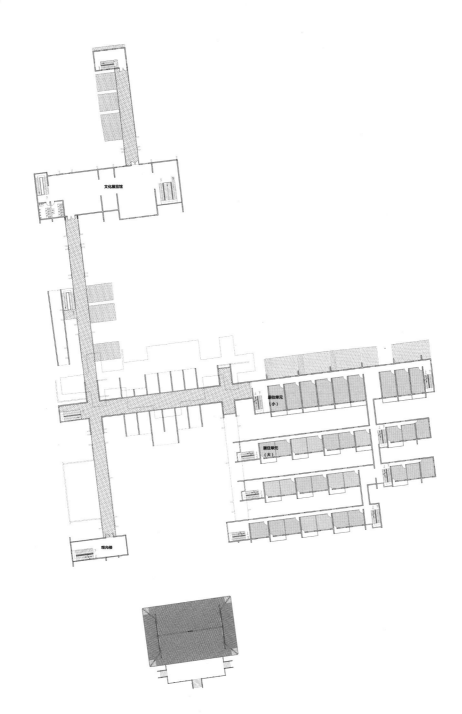

文化展览馆

居住单元
（小）

居住单元
（大）

观光楼

二层平面图

我的毕设

一、古镇

空气中充满了晋中的粉尘，
偶然的雨水滋生污浊与青苔。
这种环境中长大了街巷家犬，
连同其中的异乡人，芸芸居民。

这里确实有那人应许的瑰宝，
可谓精雕细琢，棋布星罗。
历史的痕迹难以掩盖住历史，
过去的故事却不再讲述过去。

青砖铺就道路和路上的起伏，
灰砖砌成房屋和屋墙的门户。
水泥砂浆填补一切开裂的缝隙。

无数高墙横纵分隔大院，
简易房使空间更加零落。
飞鸟熟知古镇有多么杂乱。

二、古镇（新）

新商圈的广告比太阳还刺眼，
柏油马路咬到砖石路前。
人们好奇的冲回忆指指点点，
古镇是一个巨大的玻璃眼珠。

年轻的旅客同志心猿意马，
他们的关心仅止于要求表达。
有个玩笑说娼妓就在对面，
有个故事说，这里曾经是城墙。

古镇低头看着他的居民，
他的居民将脏水泼向屋外，
快门一闪，游客就转身离开。

古镇回忆他的故去，
他只能沉浸在回忆里，
游客告诉他的都是虚假的未来。

三、意外

我的朋友登上屋顶，
他试图看清这里的全貌，
上海人不适合摔进煤堆，
也不适合摔在地上。

古镇摔下了一个人，
古镇吓坏了一群人，
古镇上来了一个新的老师，
古镇上发生的事写进县志。

天下的医院都是一样，
只有地铁站能更加雷同。
天下的医生却全不一样。

我的朋友躺在车里，
我们送他回到上海。
我们借机逃避了山西。

四、设计日常

每天都在书写忏悔，
每天都在挑战诱惑，
我虽给自己找了借口，
没有借口我也会行不改色。

那个地方需要什么？
城市更新还是性感炸弹？
一个幽灵在祁县游荡，
他被队长扭送进公安局。

太阳快被阴影遮住的时候，
我从床上醒来，开始吃饭，
然后又沉沉地在阴影中睡去。

偶尔会想到未来，
偶尔会想到理想，
偶尔会想到画图。

五、毕业季

没有钟声也没有白鸽，
感动难产，泪水干枯。
我们谈论曾经的话题，
脑海中想象着各奔东西。

一张白纸已经写满，
或成功或失败，全是无奈；
那个女生真的哭了，
但那个男生懂得沉默。

道别的话轻易说出，
语气近似玩笑，
道别本身也是如此。

日子远去，留给未来的我们，
时间本身就是一种救赎，
"吹拂我们面庞的清风难
道不是和以前一样？"

六、我的大学

改变了或没有改变，
虚无占据了那颗心灵。
他到底在想什么？那个愚蠢的男人？
大学教给他的太少，他学的更少。

建筑师说哲学和空间，
建筑师说软件和形态，
烟雾中为地板填充材质格线。
塔夫里则说，建筑将消亡在城市设计中，

世界越来越大，时间越来越快。
信息变得纷繁复杂，信息！
人们缺失情感，茫然无知，没有孩子。

对于过去我给予敬意和尊重；
对于未来我期望秩序崩溃，降下烈焰；
对于现在，我活着。

——吴修远

渠家大院内"乐天伦"十一彩牌楼

沉

投入身体与感官，接纳，愉悦。

浸

夏夜的沐浴 (1892)

冷水浴室（1890）

纽约时代广场

身体

浴场对于古罗马而言如此重要，不止因为它能带来极致享受。更为重要的是，作为一种媒介，它帮助人们重新感受到自己。温暖的水让皮肤与毛孔舒张、蒸腾的热气通过鼻孔涌入胸腔、眼球与睫毛被氤氲濡染，除去烦冗的过多装饰的服装，从社会赋予的身份等第中脱身，浸入到令生命得以起源的物质中，身体为自己找回全方位的坐标系。

人的感官是全方位、立体化的，理想的进化状态下所有感官应是能够协同并统合一体的。但周遭世界的变化倒逼我们进化出割裂自己感官的能力，文字的发明强化了视觉的作用，在以获取信息为生存要素的社会中，快速检索与掌握信息变得前所未有地重要，所有人需要看得更多、更快。

与此同时不单其他各种感官的发展遭受到抑制，人们的整体感觉系统也因为媒介变得迟钝。对信息的获取被加速并异化之后，信息的意义被从信息之中剥离，"视而不见"，视觉被架空。传媒本身成为目的，媒介的日益强大使得身体同外界的关系反转，媒介将人们导向被消费，而不是消费。而人的身体的感知机能，乃至人对于自己身体的感知，都因退化而变得麻木。

此时应当觉醒，属于我们身体的感觉不止视觉，还有更多。那些未经现代化技术调教而异化的感官，更容易因循原始的方式工作并向身体反馈，并唤醒身体对于外界物料的原初感受。

感受，唯此才是活着的身体。

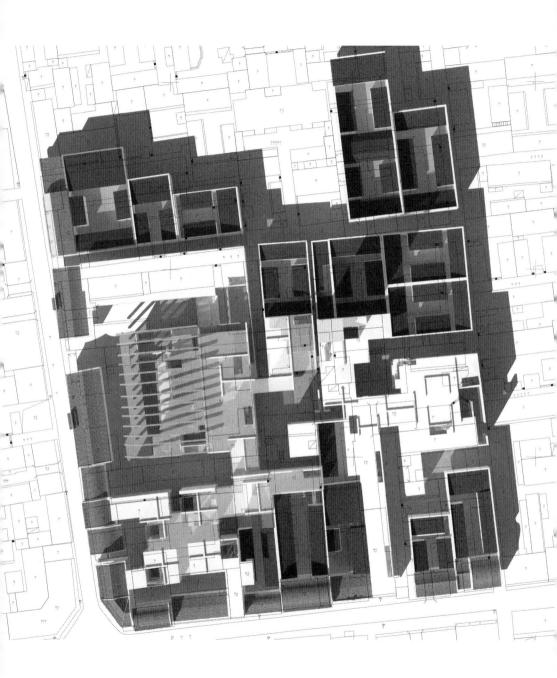

总平面图

体验什么

文化，不应被供奉于庙堂之上，它本来便属于民间的日常，来自万千升斗小民日复一日的劳作生活。这些活动由于对地方的气候、地理、社会组织表现出高度的回应性，从而呈现出独特的面貌。有朝一日，文化被供奉起来、被抽象化，将因其远离于鲜活的生活体验而变得乏味与不可即。回归浓墨重彩的世俗，以人性化的方式提供体验的入口，是对在地文化进行体验的应有之义。

祁县因贩茶、票号而富，经济腾飞之后随之而来的是饮食起居的精细化发展。宅第高墙大院的型制、筵席八碗八碟的排场，最大限度地利用并发展了地方材料与物产的特性，营造出地方独有的感官享受。它们留存或流传下来，构成了民俗文化的传承载体，令人可以通过更生动与具象的方式，用身体品尝与触碰那些曾经的历史传奇。

此时，建筑与使用空间的筹划，反而变得非常简单。新增的民俗餐饮、集市、客栈等功能被古城环境所包裹。根据建筑的布局与质量因地制宜地选取应对方案——见缝插针的新建、老树新花的适应性再利用以及对保存尚好的传统宅院原汁原味的整饬与使用。

老房、碗碟，有形的镜子折射无形的文化，是今日仍可体会的不仅属于历史的东西。

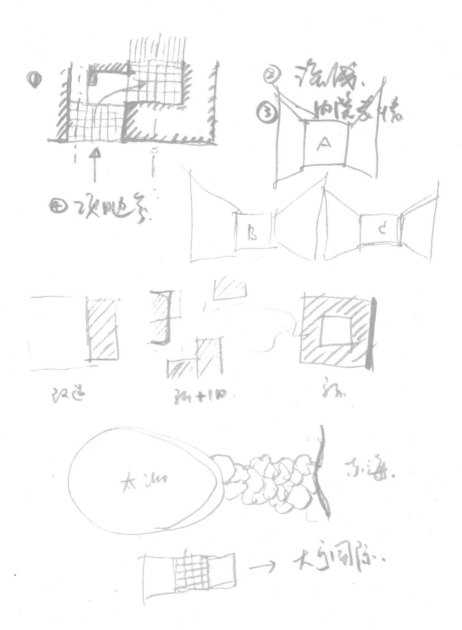

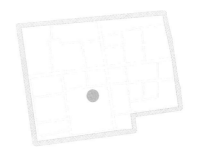

地方文化可以不仅停留于抽象的概念，最直观有效的传递方式莫过于令人产生感官体验。祁县旧为晋商故里，制茶贩茶为支柱产业之一，富裕的商贾建造深宅大院，并于节庆家宴有"八碗八碟"以为饕餮。茶、居、食构成了祁县地方文化的重要部分。然而现有沿四条大街分布的旅游业几无此类特色之体现，更遑论对于地方文化的传播，因而构筑这样一组文化体验的功能集群十分必要。择址于古城中心东北角位置，通过视线分析控制建筑体量，结合不同时代历史建筑的空间肌理及型制特点，有甄别地采用保留、改建、新建等不同设计策略，梳理路径及场景线索，提供目前古城内所缺乏的能够俯瞰大院盛景的视线高点，营造出集文化展示、茶、居、食文化体验于一处的现代化传统服务场所集群。

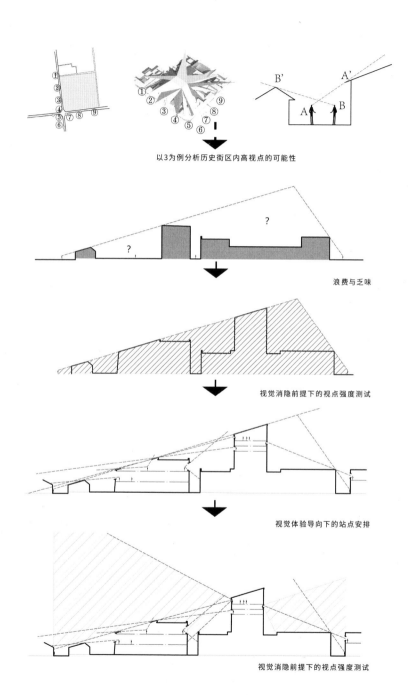

以3为例分析历史街区内高视点的可能性

浪费与乏味

视觉消隐前提下的视点强度测试

视觉体验导向下的站点安排

视觉消隐前提下的视点强度测试

视线分析

回归视觉

无论如何，最终还是需要回到一个纯粹的设计问题——古城中的建筑究竟可以怎样建？

要保证更新后的历史街区风貌上的原真性与和谐统一，避免新建筑或元素的干扰，通过设计进行严密的控制是非常必要的。较为通行的做法是划定核心控制区与协调区，首先避免新建建筑出现在不该出现的区域；其次是规定建筑的体量与限高，将可能发生的影响降至最小；还有立面处理，造型、风格、选材、色调等，都需要尽可能地同原有建筑相协调。这一方法放在绝大多数古城更新案例中，当然是十分保险的。

对于祁县来说，古城范围内数以千计鳞次栉比、气势恢宏的大院，人们只能通过行走在主街，或是进入一进进院子去感受，仅可领略冰山一角。设计者希望在不影响整体风貌控制的前提下，能够在适当的位置引入一个高视点，用以眺望全城景象。这很可能意味着建设强度的提高和建筑体量的突兀，然而这些对于古城风貌来说，都将是巨大的挑战。若以传统"保护"教条衡量之，似是"不可能的任务"。

然而通过视线分析，可以发现行走在街道上的人，由于受到街道宽与建筑立面高度的限制，其视野均被限定在一个特定的仰角范围内。这决定了古城中有大量的位置，除非穿过街面走进院落，否则是永远无法被看到的。于是自然地，在拟选择的基地内部，由视线分析可以获得一个极限可见（建）范围，这一极限状态不仅帮助确定了屋顶走向，更顺势而成为整个设计的起点。古城也在这个意义上获得了重生的机会。

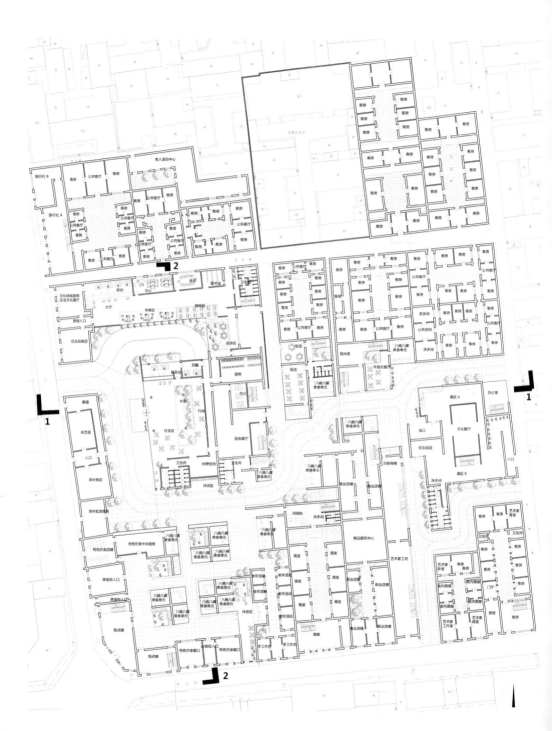

一层平面图

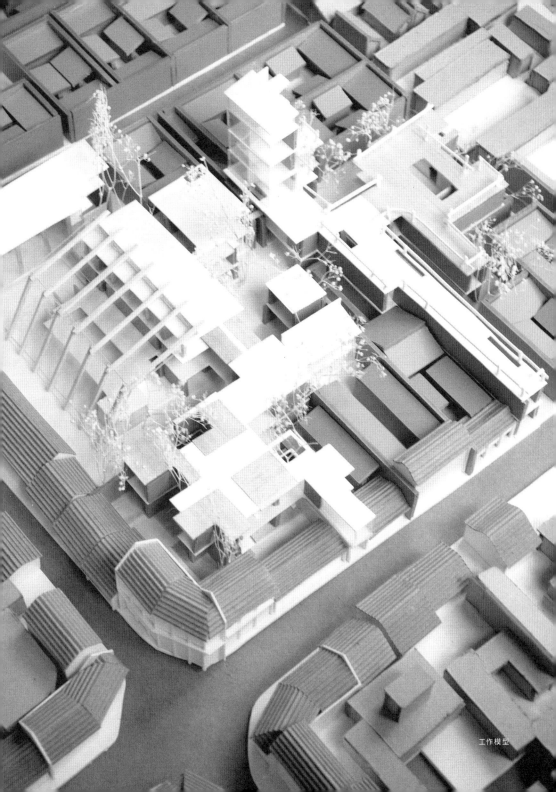

工作模型

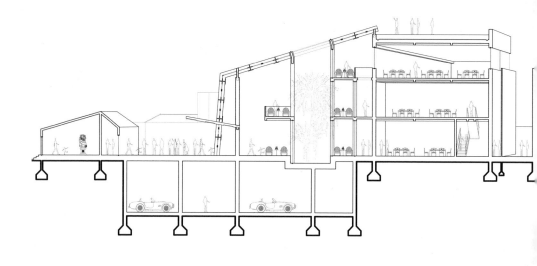

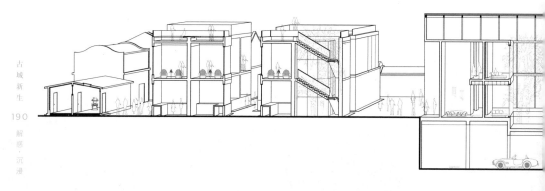

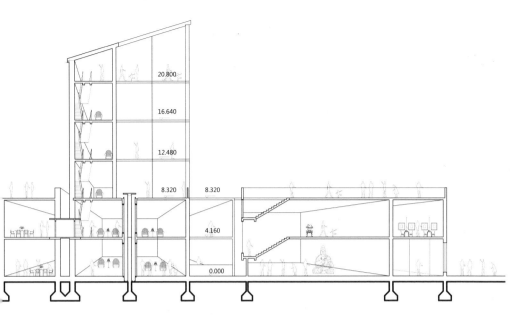

剖面透视图1

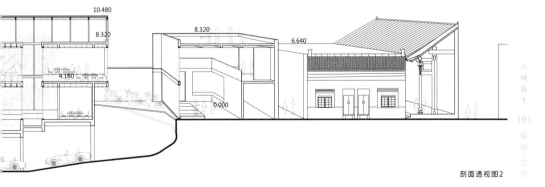

剖面透视图2

我的毕设

山西祁县，自古有"金祁县，银太古"的说法，作为晋商文化的根据地，高墙深院的大院文化，令我们每一个到山西调研的组员感到神秘而特别，也为这次的毕业设计表示兴奋又跃跃欲试。

第一天来到祁县，从较为宽阔的街道进入，从而渐渐身临其境地了解。所谓的一城四街二十八巷七十二坝道的历史格局。有较为繁华的商业部分，有较为安静祥和保存完好的晋商大院，与平遥古城不同的是，这里的砖瓦墙院，无不显示出当时居住者与使用者的地位非同一般。

通过走访与调查，祁县古城内街区缺乏活力，空闲的老人与小孩都没有可以活动的空间，丰富的物质生活的需求已经使得原本的古城承担，对空间的需求增加使得古城内出现各种现代建筑的元素，但是却与整体街区之间关系不尽协调。

然而从居民口中得知，古城十字街一带的沿街店铺早已日久进人心，哪怕是废弃的空地也有着它们曾经辉煌的过去，这些也真是祁县文化的闪光点，埋藏在古城中的价值所在。

因此，建筑承担起了载体的角色，文化的放大镜，文化体验的场所与真实场景体会成为了设计的目标与结果。

祁县古城自古以来就是山西的一面旗帜，而随着近现代社会的进步，晋商的没落，祁县也因此失去了活力，本设计希望以文化为刺激点，以体验为形式进行建筑设计，通过"八碗八碟"饮食文化的推广，晋商贩茶品茶的生活习惯与文化积淀，人们对于祁县的热爱，带动设计，在新与旧间创造并提升人的体验，营造氛围，激活历史街区，使其重获新生。

对于不同历史建筑采取的不同策略是设计不同于其他设计的地方，却会使得建筑的整体感得到相应削减，因而设计要处理好新与旧的矛盾，整体与单体之间的差异与关系，功能与空间之间的相互适应度等问题。

但是设计中对于效果图的渲染并没有投入太多精力，并且建筑的闪光点没有很好地表达出来，加上表达时候不够精炼，使得设计存在一些不足之处。

不过，这次毕业设计使得我充满动力，过程之中自己做得很开心，有取有舍，有进有推，也激发的想进入工作单位的强烈愿望和设计的热情。感谢老师不分昼夜地细心指导，让我的设计与图纸表达在看得到的地方，更多地，在一些看不到的地方有了很多收获。毕业之余，感谢同济，带我从一个陌生的世界走进建筑这条路，感谢启蒙的老师们，带我走过了四年的学习之路，我愿就此再次扬帆，不论身在何处，我想，这辈子，我，大概，是离不开建筑与设计这么几个举重若轻的字了吧。

——刘仲辰

附录

答辩实录 2014.06.11　赵正楠答辩

钱宗灏	我参加了你们设计的中期考核，看得出是在原来的基础上又有了很大程度的深化，令你的设计理念有了更深入的表达。

许一凡　这个设计非常完整，项目定位也相当不错。我的问题是，你的方案里面增加了不少地下空间，我们知道保护项目中地下空间的造价、工程量都比较大。是否可以解释下这些地下室的功能是什么？为什么要增加这些地下室？

赵正楠　首先它是一个功能综合体。我设想这里会接纳很多游客，尺度较大的公共空间需要的空间净高也比较高。在这样一个古城里，对高度是较为敏感的，一个高度超过10米的建筑体量会显得过于突兀。从对于周围环境尊重的角度出发，将建筑作了下沉处理。

许一凡　那么现在的设计是局部地下室，并非平铺的是吧？

赵正楠　对。地下室其实包括两个部分：北区与南区。北区的地下部分是作为由城市进入剧场之间的过渡空间，进而引导人们进入精心保护的院落，通过精心安排的流线给来访者以惊喜。南区的地下部分基本是地面建筑在地下的投影，但不希望其在地下完全分隔，因此加以连通。地面的建筑单体功能为文化、教育、商业等，但在进入地下后会发生一定程度的混合，呈现出功能的多样性。

钱宗灏　据你们现场调查所知，现状的古城内是否有地下空间？譬如地窖之类的？

赵正楠　我们在调查过程中没有发现此种情况，居民对自己的房子进行了一定的加建，但主要是加建在院落里。不过一个值得注意的现象是，整个古城的地势是存在一定高差的，从中心的十字街向四座城门高

古城新生

196

附录

程逐渐降低，最大高差远大于3米。另外据调研得知规划中会鼓励设计一些地下空间。

常青　　　最终人们能够在这个设计中的哪些地方看到历史的部分？

赵正楠　　按照上位规划中要求的，设计中保留了那些质量较好的大院。

常青　　　整个的设计是要表达一种模式，一种空间的叙事。叙述的内容比较抽象，主要还是通过展品体现，而非空间本身。但是你在这里是要完成一个设计而非策展，从你的设计中能读出祁县的什么特点？

赵正楠　　其实在设计中是有企图的。将祁县的空间抽象成"墙""院""房"等几个要素，并且经过演绎令其适应综合体的新功能，人穿行其中会随时随地体验到祁县的空间特点。

沈晓明　　保护工程的核心是你保护的内容，如果你设计的基址内有非常重要的保护建筑，而你所需要引入的功能又是它承载不了的，那么这个设计将是非常好的补充。所谓文化综合体的问题在于：你要服务什么？或是要服务于什么人？

赵正楠　　比较特别的一个功能是研发动力机构，源源不断地创造并提供出新的文化产品，从而将这一文化综合体作为整个文化产业链的终端。

古城新生

197

附录

答辩实录 2014.06.11 姜新璐答辩

常青　　你指的大院文化主要还是指空间的特质，而非生活的状态？所谓"大院""小院""天井"，统统都是有其功用的。你这里的"大院"，是不是只让观者来看一下这里的墙体、材质、空间是怎么样的？

姜新璐　总体而言，走在城市中，给人留下最深的印象之一便是高大的院墙。这个博物馆是希望浓缩城市空间的特质，加深人对在地空间样式乃至文化形态的感受。

常青　　那大家直接去看大院就好了，为什么要来这个博物馆？

姜新璐　博物馆是对传统空间元素进行的戏剧化的提炼与解读，提示了观者深入阅读大院文化的可能性。

许一凡　我认为从墙的角度入手，设计是非常有新意的，也抓住了当地空间样式的重点。但是仅仅是以材质、工艺对比入手，理由似乎不够充分，是不是应该对山西当地墙的各种特色形式，譬如山墙、立面有一个集中的展示，可能会更好。现在的墙体我怀疑并不是当地做法，比如拱门，好像并不是用在居住的建筑中的。

姜新璐　在对当地调研中我也非常吃惊地发现有这样一种普遍存在的形式。这一般是大户人家车马院的入口，是让马车通行的，因此宽大、高耸。

陆地　　在面向西大街的南立面上，设计的手法看起来又高又实，这个是怎么考虑的？

姜新璐　首先是出于建筑的效果考虑。北立面作为内部动线的终端朝向一个大的广场，南立面是作为一个较为封闭的起点。并且可以看到周边的老建筑也是以高墙大院为主，希望通过这样的立面表现出对周边老建筑的尊重。材料方面选用的是清水混凝土。

陆地　　　　这样的混凝土带来的实体的感觉，放在作为主街的西大街沿线，会不会过于生硬？

姜新璐　　　这堵南立面的混凝土墙，其实是作为一个背景出现的，设计中是想尽量去除它的形式感。它的存在是为了衬托内部撞出的"老墙"，以及轻薄地"悬"在室内的"新墙"。

沈晓明　　　这个设计我感觉从分析、设计手法的选择及技术细节的推敲都蛮好。要提一些建议的话，既然是民俗博物馆，就应当跟展示内容一道考虑。民俗元素，比如说婚嫁、年节等，这样针对性会更强。另一方面是关于做法，你希望强调戏剧性、趣味性都没问题，但如果能跟民俗结合，可能更有助于你表达对历史的尊重与记忆，而不仅是一种空间的表现。

姜新璐　　　谢谢您的建议！

答辩实录 2014.06.11 黄垚答辩

钱宗灏　　你提了很多愿景，譬如把公共空间引入社区、幼儿园、老人的活动考虑，这些都很好。那么你具体的手段是什么？

陆地　　　感觉更像一个概念设计，技术图纸似乎不充分。

黄垚　　　其实我没有太理解问题中对"具体手段"与"技术图纸"的定义。我的设计是从一个小社区规划入手，包括具体的建筑限高11米、公共交通的组织等等所有设计手段，都是我在设计中有意要进行控制的，并且都在设计中有对应的图纸详细说明。

常青　　　这些都是居住建筑吗？建筑密度会否过高？

黄垚　　　大部分是，但也有一些公共建筑。容积率是1.85。

沈晓明　　是祁县的高尚社区。（笑）

黄垚　　　其实是为了解决居民居住密度过高的问题。

许一凡　　你现在的容积率指标是上位规划给的？还是你自己想做这么多？

黄垚　　　上位规划没有给出。是我自己根据《城市规划原理》等理论建议的千人指标等一系列指标严格推算出来的。最终算出这块地的合理居住人口是360人、128户。

常青　　　现在的建筑密度非常高，如果做办公等功能或许合用，但做居住的话，一定要考虑日照通风等问题。从这个角度说，图纸里还缺一个日照分析。

沈晓明　　这个设计有新型城镇化的味道。我理解你，这块地似乎没有特别的需要保留保护的优秀建筑，但你又希望提升社区的品质、活力乃至精神。但这种在沿街店铺背后的房子，高度控制上可能需要精细的推敲。另外我感觉奇怪的一点是，仔细看这个社区，并不是封闭管理的高尚社区，而是全开放的。这是为什么？

黄垚　　这个是有意为之。因为经过我们的调研，了解到这里生活的大量居民是老人和小孩，他们对交往的需求要远远大于对私密的需求。

沈晓明　　这样一个低容积率高密度的做法，相当于家家都住上了别墅。能告诉我一下单元面积是多少吗？

黄垚　　我设计了几种户型，总体都是偏小的，范围在60至100平方米之间，其中100平方米的房型做到三房。

常青　　你的设计意图还是明确的，在这样的历史地段要寻求跟历史肌理的关系，就不能差异过大，需要保持一定的建筑密度，但是困难在于由此带来的拥挤感。一方面你需要这里承载相当多的居民，另一方面还要保持历史街区的尺度感，是很不容易的。如果做这样的社区设计的话，一定要放到古城一个更大的文脉当中去，有周边的城市肌理与密度佐证，会更有说服力。

黄垚　　正是在祁县这样类型的古城而不是其他地方，才会出现这种密度与容积率的矛盾，这个设计也是意在尝试一种普适性的古城社区再生模式。

答辩实录 2014.06.11 肖思洋答辩

沈晓明	这个部分的功能是游客中心? 那么游客怎么来? 通过什么交通方式?
肖思洋	会有两大类方式。第一大类是车行,经由地下车行系统进入地下停车场,停车后再通过下沉入口广场上到地面;另一大类是步行,步行中又分为两种,分别是沿着新的边界的绿地系统进入,以及沿东西大街垂直进入。
常青	原来城墙遗址处的道路现在是否环通? 我看到似乎北面、东面是有城市机动车道的。
肖思洋	对的。南边和西边是没有的,因而这两处也是整个古城中几乎无法到达的区域。
常青	因此这个设计其实是基于祁县古城墙遗址的设计,交通在其中可能会成为一个重要议题。交通系统需要重新梳理,这样才增加古城边界的可达性。
沈晓明	在交通的角度,这个设计不是一个快速交通的概念,不像高架隧道只给有限的开口。你选取的游客中心是这个城市中的一个重要节点,在这里交通、景观、建筑要达到浑然一体。
钱宗灏	这个设计所在的古城墙在20世纪70年代已经拆掉了,但遗址还在。我参加了预答辩,记得当时是要沿城墙遗址做一个绿化带。可以多介绍一下吗?
肖思洋	城墙遗址的许多位置上已经被加建了其他功能,不仅是未经规划的民房,更有医院、政府办公楼、工厂等功能。不过根据新一轮的上位规划,也是要修建环城绿带,城墙遗址上的加建功能也相继要迁出,其中像医院更是已经完成搬迁工作。

答辩实录 2014.06.11 吴修远答辩

钱宗灏　　你这个设计是结合文庙周围现有空地，将北面加建的房子清除，然后从较繁华的西大街，经由财神庙引导游客进入是吗？

吴修远　　基本上是这样的。其实文庙不在我的基地范围之内，因为依据上位规划，文庙是保护单位是不能建设的。而您提到的财神庙，现仅存院落里的两棵大树作为遗迹。

陆地　　　四条长长的体量是什么呢？

吴修远　　是新建住宅。由于学校外迁，原有的教师公寓拆除，这里有新的搬迁户需要新建住房迁入。间隔是考虑到日照间距的因素的。

钱宗灏　　不过感觉这几条住宅跟原来的城市肌理似乎关系不大。

吴修远　　其实在文庙的东侧，早已是改革开放后建设的单元房。城市的肌理在这一部分已然不是想象中的传统样子了。但要保持一定的容积率，建筑又有高度限制的情况下，这样（联排式）的解决方案效率更高。

沈晓明　　在上位规划的各项规定中，对文庙这一保护单位周边规定了建设控制范围吗？细则是如何规定的？

吴修远　　核心保护区主要是文庙这一县级文保单位范围。但是该县保护工作进展相对缓慢，虽然在周边划定了20米控制范围，但尚无实际保护动作。

常青　　　建筑最高耸的那一块的外轮廓，是不是按照视线控制的分析确定
　　　　　的？

刘仲辰　　是的。具体地说是在主要的公共交通路径上，沿街选取众多的视
　　　　　点，确保新建的建筑高点不带来视觉上的影响。

常青　　　但建筑的轮廓或许并无必要完全跟着控制线走，只要在这个范围
　　　　　内不就行了？关于屋顶的具体形式或许还可以有其他选择。

许一凡　　建筑高度超出了规划要求的限高了吗？

刘仲辰　　在老城区的这一范围内，本来就存在着一个三层高的公共建筑，层
　　　　　高也是远大于普通民居的，经调研此区域并无非常具体的限高要
　　　　　求。

许一凡　　高出的这一点是什么功能？

刘仲辰　　提供观景、俯瞰祁县古城全景的功能。

常青　　　对。你的设计是要在视线控制的范围内，把一个高耸的空间叠加到
　　　　　传统的历史街区中去。

刘仲辰　　要补充一下，这个"高塔"的选址是希望尽可能高，那么依据三角形
　　　　　原理，就需要从街道退后足够远。另外不希望其体量过大，因此对
　　　　　尺度也有较严格的控制，平面是一个12米乘7米的矩形。

设计组同学去向信息

赵正楠
目前在同济大学建筑与城市规划学院建筑系
攻读硕士学位。

肖思洋
目前在美国宾夕法尼亚大学大学攻读
MARCH。

姜新璐
目前在同济大学建筑与城市规划学院建筑系
攻读硕士学位。

吴修远
目前在美国佛罗里达大学建筑系攻读博
士学位，方向为建筑现象学。

黄垚
目前在美国加州大学洛杉矶分校攻读
MARCH。

刘仲辰
目前为福建省建筑设计研究院建筑师。

后记

历史之物历经坎坷留存至今，应不应该走向未来？该如何走向未来？

对于任何一个有过历史的国家或城市，这都是它们必须面对的一个问题。人们需要通过某种物理上的标记方式，不断确认自己的身份，否则将失去对自身文化的认同，进而在回答"我是谁"的问题时变得困惑。因此，不管历史上留下的是些什么样的物件，陵墓也好，城池也罢，哪怕是一口井一棵树，都成为标记物。然而，同已然失去使用功能的其他遗存物相比，以民居为主体的城市历史街区扮演着十分特殊的角色。尽管面临着包括旅游、建设等来自于当代的经济压力，它们中的多数仍然延续着悠久的历史，作为承载市镇居民居住的物质空间存在。

与早些年拆旧建新的莽撞行事相比，历史街区的管理者们变得聪明了很多。在全社会都越来越强调文化的今日，他们开始注意到历史街区中潜藏的价值，于是围绕历史之物展开的各种策略手段开始涌现——或者是移植文物保护的做法将其作为静态的标本封存并展示；或者是将其打造成旅游区，注入浓厚的商业化氛围；或者是迁走居住其中的原住民，不惜移除社会网络从而消灭其日常性，打造新的"高档城市空间"；甚至是造出假古董，将历史街区作为舞台布景加以消费。然而不论哪一种，都从不同方面给历史街区、在地社会及传统文化带来了新的、也许是更深的破坏。

一方面具有历史价值，另一方面仍然作为现时社会中人的居所，这样的双重特性往往使得历史街区陷入尴尬的境地。现有的历史街区保护与更新途径在一定时期起到了积极的作用，然而近年来该类策略开始出现程式化的倾向，造成的直接结果是经过整治的历史街区开始趋同，从而使得该类活动丧失了其应有的作用，历史街区仅仅是沦为另一种意义上的消费品而已。

无论是以文化的名义，还是以社会的名义，甚或是以提振经济的名义，历史街区都等待着对于新的发展方向的探索。为这些历史遗存之物给出基于现时状态判断的发展进路解答，迫切而艰巨。

致谢

感谢参与2014年同济大学建筑与城市规划学院毕业设计祁县设计组的所有老师和同学。尤其是鲁晨海老师，在他的大力组织下我们有机会接触到祁县这么好的古城更新案例，他对研究课题的关注巨细靡遗，同鲁老师这样可敬的建筑学前辈专家一道教学的经历使我受教良多。

感谢参与我带领的设计组的赵正楠、姜新璐、黄垚、肖思洋、吴修远和刘仲辰6位同学，他们对于古城的探究热情与对设计的刻苦执着令人钦佩，他们的热情与执着也同样感染了我。历时3个半月的毕业设计，大家毫不懈怠，从基地勘察到设计的一步步推进，倾注了巨大的心血，也共同收获了成长和领悟。

与此同时也感谢参与鲁老师设计组的王亦君、刘卓奇、杜思吟、加径达、丁雨薇、吕凝珏和朱弘博同学。前期调研为跨组合作完成，本书所呈现的研究基础也有他们的贡献。

感谢毕业设计的答辩评委：许一凡先生、沈晓明先生、常青教授、钱宗灏教授、陆地副教授，他们对同学的点评与期望是大家进步路上的宝贵财富。同样感谢参与中期答辩的卢永毅教授、周鸣浩博士；以及应邀参加设计组组织的预答辩并给出中肯建议的我的同事姚栋、王凯、王红军与李丹锋博士，在他们的建议下，同学们的方案得以全新的面貌推向深入。在此对凌颖松先生通过讲座与同学们分享自己所经历的实际案例致以谢意！

感谢张建龙教授在教学全过程中始终如一的信任与帮助。同时感谢王方戟教授、胡滨教授、孙澄宇副教授、王鹏博士对该课程给予的关怀与支持，帮助我克服心理与技术上的重重难关。向负责整个毕业设计组织与协调工作的佘寅教授与汪浩博士致谢！

不可忘记的是山西省祁县管理委员会的张启茂主任及相关部门工作人员给予我们调查研究的巨大支持，他们奋斗在古城保护与日常治理的第一线，居功至伟，无可取代。

国家自然科学基金与同济大学建筑与城市规划学院为本书的出版提供了宝贵的资金支持，使这项研究性设计课题的最终出版成为可能。

感谢我的家人，鼓励并支持我在学术研究这条有些奢侈的路上不断前行，他们是我仍然有梦可做、有梦敢想的最大动力。

图片来源

页码	图名	来源
148	总平面图	肖思洋绘
150	新边界的类型学	肖思洋绘
151	城墙遗址带西门节点平面图	肖思洋绘
150-151	不同尺度级别下的边界策略	肖思洋绘
152-153	一层平面图、二层平面图	肖思洋绘
154-155	剖面图1	肖思洋绘
155	剖面图2	肖思洋绘
157	西门节点分层拆解轴测	肖思洋绘
158	祁县晋剧票友老照片	曹煜. 祁县老照片. 太原: 山西人民出版社, 2004, P131
160-161	接触毛利人	"Tour-smart"官方网站 (http://www.tour-smart.co.uk/images/dynamicImages/image/New%20Zealand/maori%20greeting.jpg)
162	景区奇观化	http://img3.bbs.szhome.com/uploadfiles/imaes/2008/11/13/13125310523.JPG
162	所谓"民俗"	钦州930论坛官方网站 (http://bbs.qz930.com/UploadFile/2013/03/2013032485408553v.jpg)
165	凝固的文化	蚂蚁图库 (http://img104.mypsd.com.cn/20130831/1Mypsd_52798_201308310829300012B.jpg)
165	真实生活	http://s1.it.itc.cn/a/data/attachment/forum/day_080418/20080418_3a6cd1e119d69e0a9b25cialghXbrWua.jpg
166	课堂讨论草图5	作者自绘
167	区位索引图5	作者自绘
168	场地范围	吴修远绘
168	"到文庙去"	吴修远绘
171	住宅类型研究	吴修远绘
171	轴测图	吴修远绘
172	一层平面图	吴修远绘
173	二层平面图	吴修远绘
176	渠家大院内"乐天伦"十一彩牌楼	曹煜. 祁县老照片. 太原: 山西人民出版社, 2004, P26
178-179	夏夜的沐浴 (1892)	菲利克斯·瓦洛东 (1892年)
180	冷水浴室 (1890)	劳伦斯·阿尔玛-塔德玛 (1890年)
180	纽约时代广场	http://galerie.alittlemarket.com/galerie/sell/533859/dessins-time-square-new-york-3504585-604-new-york-tiaker-217be_big.jpg
182	总平面图	刘仲辰绘
184	课堂讨论草图6	作者自绘
185	区位索引图6	作者自绘
186	视线分析	刘仲辰绘
188	一层平面图	刘仲辰绘
189	工作模型	刘仲辰摄
190-191	剖面透视图1、剖面透视图2	刘仲辰绘
193	回眸祁县	刘仲辰摄
208	调研现场工作照	作者自摄

声明

在著书的过程中, 由于网络图片来源的特殊性, 无法及时确认个别图片所有者并与其联系。为保护著作权人的合法权益, 及时准确地向权利人支付作品使用费, 请相关著作权人直接与同济大学出版社联系, 商洽相关版权事宜。对于使用时未及核实的权利人, 可以向本社提交权利人身份证明材料。

有共鸣？存疑问？要吐槽？扫二维码，参与对话。